寻茶之源

陆十八 著

團结出版社

图书在版编目（CIP）数据

寻茶之源 / 陆十八著. -- 北京 : 团结出版社，2024.4

ISBN 978-7-5234-0902-2

Ⅰ. ①寻… Ⅱ. ①陆… Ⅲ. ①茶文化－中国－通俗读物 Ⅳ. ① TS971.21-49

中国国家版本馆 CIP 数据核字（2024）第 073601 号

出　版：团结出版社
（北京市东城区东皇城根南街84号　邮编：100006）
电　话：（010）65228880　65244790（出版社）
网　址：http://www.tjpress.com
E-mail：zb65244790@vip.163.com
经　销：全国新华书店
印　装：武汉市卓源印务有限公司

开　本：142mm×210mm　32开
印　张：9
字　数：191千字
版　次：2024年4月　第1版
印　次：2024年4月　第1次印刷

书　号：978-7-5234-0902-2
定　价：78.00元

寻访茶的源头。

那里不仅有茶味，还有历史之味，文化之味，传统之味，民族之味，艺术之味，本真之味，人生之味，自然之味。

用当下澄怀之心，去品味百茶百味。

用当下慈悲之心，去浸润茶味人生。

前言
QIANYAN

莫悔莫恨

白天麻木地应对纷繁，夜晚痛苦地挣扎来去……

一觉醒来，天明了，好像什么都没有发生似的再一次投入麻木，其实什么都发生了。

如此循环往复，只有一个结果——悔恨。

悔过去，恨自己。

过去已成了泡影，自己还是自己。不过是留着这“过去”与“自己”，在未来继续悔恨罢了。

一刹那九百生灭。

还是淡然转身，放下凡尘俗事，吃茶去。

别忘了，人生的终极使命是：

当你必须闭上眼睛的时候，心，是安静的。

目录

MULU

1.湘西的黄金茶

吉首，苗语“生养之地”，土家族苗族自治州的州府。

清代，吉首称乾州，民国称乾地县。

万溶江畔，距今已有两千四百年历史的乾州古城，在夏商时期就有土著先民繁衍生息。后来，成为苗疆政治、经济、军事、文化中心，位列湘西四镇之首。

今天的乾州古城夹在张家界与凤凰之间，声色被夺了不少。

到湘西，就是体验苗疆的民俗风情。

“岁暮年末居民便装饰红衣傩神于家中正屋，捶大鼓如雷鸣，苗巫穿鲜红如血衣服，吹镂银牛角，拿铜刀，歌舞娱神。”

……

体味原汁原味的湘西苗疆风情，还是要去矮寨。

湘西，原是“苗不出境，汉不进峒”的闭塞之地。现如今，被称为最美的湘西公路，引着人沉醉于武陵山谷的美景之中。

“苗歌”“苗鼓”“赶秋”“四月八”。

矮寨的苗疆风俗依旧传统、浓郁。

看看今天的苗寨还能否体验到沈从文笔下“有三家苗人打豆腐的作坊，小腰白齿头包花帕的苗妇人，时时刻刻口上都轻声唱歌，一面引逗缚在身背后包单里的小苗人，一面用放光的红铜勺舀取豆浆”这种纯朴、纯美的湘西苗风。

矮寨最出名的是盘山路与大桥。

为抗日战争修建的天险之路——湘川公路，弯道之弯，陡坡之陡让人惊叹。这是曾经无数苗族丁壮，悬篚于悬崖峭壁之上靠着双手锤打、钎凿而成。感喟国人心力之不可思议！

云端之中的矮寨大桥又是一处现代建筑的奇迹！

湘西，离不开茶，洁齐而清明的雨天，湘西也最适合观雨喝茶。一场春雨，一片春茶，茶，就是春天的味道。

临着一泓池水，
留得残荷听雨声。
落花人独立，
微雨燕双飞。

《坤元录》中记载：“辰州溆浦县西北三百五十里无射山，云蛮俗当吉庆之时，亲族集会歌舞于山上。山多茶树。”

溆浦县属湘西怀化，无射山属现在的武陵山脉。

下图是两款古丈毛尖，左为人工栽培，右为天然野茶。

湘西传统条形绿茶。
产武陵山区古丈县，
鲜嫩清爽，自然生态。

相传，古丈毛尖是战国时巴人传入，已有两千多年历史。

东汉时记载："永顺之南，列入全国产茶之地。""武陵七县通出茶，最好。"

唐代文献也曾记载："溪州等地均有茶芽入贡。"

湘西之人皆爱这古丈毛尖。

湘西之行，还领略了另一种湘西好茶，保靖黄金茶。

"一两黄金一两茶"，到底茶贵还是黄金贵，我无所谓，但这茶喝起来的确独特。独特，就一个字——"香"。

初闻干茶，有些巧克力般的甜香；快速洗茶，茶唤醒之后马上散发出类似淡淡的海苔的醇香。第一品入口，不是舌尖，是满口即刻弥漫一股由内而外，异常丰富、厚密的馥香。极醇，像蜜沾满了口舌；极甜，吸一口气，舌底回甘绵绵不绝，过了许久，咽一口唾液，甜香犹在。

这哪里是喝茶，简直就是喝香水！

还是子尚说的妙："此甘露也，何言茶茗？"

不许笑我痴茶！"人无癖不可与交，以其无深情也；人无癖不可与交，以其无真气也。"

《后魏录》记载得更为有趣："琅琊王肃仕南朝，好茗饮、莼羹。及还北地，又好羊肉、酪浆。"人或问之："茗何如酪？"肃曰："茗不堪以酪为奴。"

干茶翠绿，茶汤黄绿，叶底青绿，是难得的好茶！

这茶很容易上瘾。

后来有一次在福建出差，途中带的就是这黄金茶。

计划早晨去漳州，下午回厦门，想想一路会非常忙便没有随身携带。那天很早出门，一直在忙，实在没机会喝茶。

下午，从漳州回转厦门的车上，一路竟然心神不宁，就是按不住馋虫。

下了车，几乎是冲到了房间，连手都顾不上洗，第一时间先烧水，泡茶。

"好香啊！"

一口茶进了口，那满足感无以言表。

不过此茶必须冷藏保存，否则口感大打折扣。

2.芙蓉镇的霉茶

过了古丈，便是湘西土家族苗族自治州的永顺县。

永顺有芙蓉镇。

芙蓉镇三面环水，瀑布穿镇而过，颇有几分风情。

白天的芙蓉看的是风情古镇，夜里的芙蓉却体味古镇风情。

风情，虽有些暧昧却依然唯美；虽有些魅惑，摄人心魄但浑然天成、温润自然。纵使风情万种、万端风情，依然如是。

芙蓉镇不是因景致出名，而是因电影《芙蓉镇》。

三十六年后在芙蓉镇看《芙蓉镇》，心潮依旧澎湃。

那么惨烈的年代，胡玉音或者说刘晓庆依然是爱的精灵，依然让人风情月思。

姜书田，无望时代的亲历者，也是凝视者，他清楚地知道，他不可能像波兰钢琴师斯泽皮尔曼那样幸运，不可能遇到一个因热爱音乐而没有杀死他的纳粹军官。他唯一能做的就是对着自己的女人嘶喊："活下去，像牲口一样活下去！"

那嘶喊一次次震撼着听者的心灵，但这句话，没有经历过彻骨无助的人，无法引起真正的共鸣与共情。

爱，仍然在最不可能发生的时间、地点意料之中地发生了，即使那是个绝望已达极致的时间与地点，只要人性中的良善与良知未被现实中不可思议的残忍与蒙昧泯灭。因为爱与被爱是人类最本能的需要。且经历着残忍与绝望依然持而不退的爱，深沉而成熟，珍贵而深刻。

这部电影还从另一个侧面阐述了一个道理：以自身利益的考量来对待感情，对感情的破坏根本不可能得到弥补、修复，因为感情最本质的特性就是纯粹。

作为处于时代变革交叉点的思考者，谢晋导演很多优秀的作品都在揭示人性最本质的东西，发人冷峻深思，《天云山传奇》《牧马人》《高山下的花环》……

永顺与张家界交界之地，产一种特殊的茶——霉茶。

茶树、鲜叶与传统茶大相径庭，干茶更是与众不同。

这种当地土家族霉茶也叫小叶种藤茶，在加工过程中破碎植物细胞，后因日晒而析出活性成分，在表面形成了一层白霜如“霉”，而得名“霉”茶。

霉茶不含茶碱、咖啡因，饮后不会影响睡眠，且黄酮含量很高，对人体有益，被称为土家族神仙草。

芙蓉镇的霉茶，就像芙蓉镇的爱情故事，口感略显清苦，但回甘绵柔而悠长。

小桥、溪水、瀑布、人家、风情……芙蓉镇的爱，穿越万丈红尘，岁月如歌。

能够从观察对象中看到什么、得到什么，不仅取决于观察对象，更取决于观察者自身的修为。

永久保持对这个世界深切的爱，你总是能比别人看到得多，感受到得多，得到得多。

3.张家界的白茶

继续湘西之行，下一站——张家界。

恰好赏油菜花季节，
路上过了一把瘾。

山路弯弯漫漫，登至天门朝拜着实不易。非有一颗虔诚的心难以到达。

天门山终年云雾蒸腾、神秘莫测，“天门吐雾”“天门灵光”，自古天界祥瑞之象频现，称为圣山。

“玄古之时，有土人见霞光自云梦出，紫气腾绕，盈于洞开，溢于天合，以为祥瑞，肃而伏地以拜之。”

广开天门兮，
纷吾乘兮玄云。

神圣雄伟的天门
之所以“圣”，
是因能依稀看到
远古的祖先虔诚
拜伏的身影。
天地间仿佛唯我
独行，每一步都
合着大地脉率。

每次看到这种壮阔的自然景象会情不自禁冒出一个念头：我要融入自然，因为人类原本就属于自然，只有在自然母性之中才能获得本源的力量。人类绝不是自然的主宰。

且不论独角瑞兽、鬼谷映像、野拂藏宝的真伪，天门转动的确玄妙，到底在隐示着什么？别猜了，“乘龙兮辚辚，高驼兮冲天。固人命兮有当，孰离合兮可为”？自然的力量不是，也不该是我们这些人凭空揣测、窥伺的，只管敬仰就好。

就像土地虽在脚下，却绝不能看低它，因它承载、滋养了一切生灵，包括你和我。

自己小了，世界就大了；自己没了，世界就有了。

天门之顶，始建于明朝的天门山寺，古木参天，古雅幽静。

供奉尼泊尔蓝毗尼迎请的佛祖舍利，实在殊胜。

如此悟境，寒宵静坐，极适禅修。

此处禅修须默照，“默”，心不执着于任何事物；“照”，于身边发生的一切清晰明了。

安住当下，由此，渐入定境。

人所有的烦恼都源于对过去的执着、对未来的期盼。故，安住当下就是一种开悟。

修行的最佳状态是放松轻安，没有期待。

此时，需身意泰然，自得安稳之茶。

桑植白茶，产于张家界桑植县。

桑植县是白族的聚集区，桑植白茶按照白族的传统，分为“风”“花”“雪”“月”四个等级。“风”，一芽三四叶；“花”，一芽两叶；“雪”，一芽一叶；“月”，纯芽头，如眉似月，如银似雪。

汤色黄亮、滋味醇甜、
花香浓郁、回味绵长。

桑植白茶在白茶的传统工艺不杀青、不揉捻等基础之上进行了适配调整，融入晒青、晾青、摇青、提香、压制等工艺。

桑植白茶的品饮也结合了白族三道茶的老传统，一道苦，纯茶；二道甜，加入蜂蜜、芝麻、核桃等；三道团圆，加入了红糖与三个熟鸡蛋，象征合家团圆。

茶，历史上入药，尤其白茶。

陈藏器《本草拾遗》记载："诸药为各病之药，茶为万病之药。"唐代刘贞亮提出"饮茶十德"，其中"以茶养生气，以茶除病气"。

很多病生成的根源是心，如压抑、不安、烦恼、愤恨等，心病还需心药，茶，确是疗心良药。至少，茶能为你封闭的心打开一道缝，让你的心能透进些阳光、细雨与茶香。

桑植白茶，定要带些回去。

4.凤凰纯粹的茶

去凤凰，没带《边城》，却带了《在春天，去看一个人》。

“三四个月来，我从不这个时候起来，从来不梳头、不洗脸，就拿起笔来写信的。只是一个人躺到床上，想到那为火车载着愈走愈远的一个，在暗淡的灯光下，红色毛毯中露出一个白白的脸，为了那张仿佛很近实在又极远的白脸，一时无法把捉得到，心里空虚得很！”

“倘若当真路途中遇到什么困难，吃多少苦，受好些罪，那罪过，二哥，全数由我来承担吧。”

“三三”的挂念如此柔绵入骨。

“我坐的是后面，凡为船后的天、地、水，我全可以看到。我就这样一面看水，一面想你。”

“我知道对我这人不宜太好，到你身边，我有时真会使你皱眉。我疏忽了你，使我疏忽的原因便只是你待我太好，纵容了我。但你一生气，我即刻就不同了。”

“我先以为我是个受得了寂寞的人，现在方明白我们自从在一处后，我就变成一个不能够同你离开的人了。三三，想起你我就忍受不了目前的一切了。”

“二哥”更是情真意切，至纯至粹。

江边僻静的石板小径，被时光打磨出沉静而深邃的光泽，仿佛指向了古老的爱的源头，应该足够世间那些相爱之人携手走上一生。

江水，总是与相爱的人做伴。

江水流淌的声音无休无止，但好奇怪，这声音并没有让人觉得吵闹、躁动，反而添了几分静，平静、宁静；这声音让人仿佛看到了一个温柔的女子正在抚理心爱男人的发丝。

不紧不慢地走进沈从文的家，那些爱的故事、守候的故事，依然散发着幽幽纯香。

独自思量，其实恒久的爱情故事从来都不会改变，变的只是故事中的人。人世间的一切都遵循着自然法则，爱情中人的命运总是冥冥之中被安排着。

这的确是“边城”，沱江那边是傩送，这边是我。曾经与现在的意外相逢与隔空的灵魂对话，跨越了时空。所有朝圣与祭拜的心，让那些无法更改的宿命变得愈加凄冷但也不朽。

整个凤凰城渐变成了一个漫无边际的故事。

凤凰，被沈从文写成了诗，诗里诗外只有一个字——纯。

沈先生自己也曾说过“若想读诗，除了到这里来，别无再好地方了”。

“二哥”“三三”“水车”“石跳桥”“沱江”“吊脚楼”……

凤凰的一切，全是纯纯的诗。

除了爱，除了诗，凤凰还有茶，凤凰白茶。

这茶叶片很大，有一层白色如霜的茶毫，喝着有一股厚厚的涩味，涩中还有着一番清苦，但还是很悠然、绵长，像极了边城中爱的味道、守候的味道、纯粹的味道。

“我用手去触摸你的眼睛，太冷了。倘若你的眼睛这样冷，有个人的心会结成冰。”

“我明白你会来，所以我等。”

“你在时，你是一切；你不在时，一切是你。”

“我们相爱一生，一生还是太短。”

每个人都神往着沈从文笔下的“爱”。

那是一眼千年的爱，连枝共冢的爱，默默守候的爱，通透纯粹的爱。

但沈从文死后，他的“三三”的一番话却让人唏嘘不已。

“从文同我相处，这一生，究竟是幸福还是不幸，得不到回答。我不理解他，不完全理解他，后来逐渐有了些理解，但是，真正懂得他的为人，懂得他一生所承受的重压，是在整理编选他遗稿的现在，过去不知道的，现在知道了，过去不明白的，现在明白了。越是从烂纸堆里翻到他越多的遗作，哪怕是零散的、有头无尾的，就越觉得斯人可贵。太晚了！为什么在他有生之年，不能挖掘他、理解他，从各方面帮助他，反而有那么多矛盾得不到解决！悔之晚矣。”

而沈从文说过的一段话更是让人无言、无语，“如果爱你是我的不幸，那么你的不幸是和我的生命一样长久的。”

有人这样评价：沈从文是一个唯爱的浪漫主义者，张兆和是一个理想的现实主义者，他们俩对爱的期望不一致。沈从文似乎更爱“三三”，而“三三”并不幸福。

胡适对沈从文说过的话，或许说明了什么。

“这个女子不能了解你，更不能了解你的爱。”

听涛山下方醒，
人间再无沈从文。

沈从文用最纯粹的文字描绘出了一个纯美的凤凰与纯美的翠翠。我相信凤凰就是他的天堂，翠翠就是他心爱之人的模样。因他说过："我却常常生活在那个小城过去给我的印象里。"

沈从文先生走后，巴金先生说他"没有牵挂，没有遗憾，从容地消失在鲜花与绿树丛中"。

真的是那样吗？

甚爱大费的沈从文终其一生找到他的翠翠了吗？

他的儿子沈虎雏曾经说过这样一句话："我不大理解他，没有人完全理解他。"

关于"懂"，沈从文自己这样说："照我思索，能理解我；照我思索，可认识人。"

沈从文的姨妹张允和则评价他："不折不从，亦慈亦让，星斗其文，赤子其人。"

凤凰的夜，灯火阑珊，应该是这古镇用它的体温，温暖着每颗冷心。

夜色也蕴含着些许纯纯的味道，这纯味让人不想发出一丝的声响，只想凝视，就这样一直凝视下去……

这一夜，便把自己安放在这凝视着的纯味里吧。

佛陀曰："始从成道后，终至跋提河，于是二中间，未尝说一字。"何况有情世间的众生。

在凤凰，唏嘘之余还是沉默吧。

沉默，或许才是与这个世界安宁、默契的交流方式。沉默，不是枯竭，而是一口不愿轻易示人的深澈之井；沉默，不仅是一种状态，更是精神的护佑；沉默，会让你具有无形却深邃的穿透力，接近事物的内核与本质，发现真相，体验真相。

即使对于爱情而言，以亲昵的方式交流的是情感，以沉默的方式交流的是灵魂。

凤凰，去了一次之后，便年年会去。

或许就是为了祭奠渐行渐远的纯美之爱吧。

去一次，心便纯美一次，爱便纯美一次。

纯美，是我似水流年日子里的精神选择。

5.芷江的野生甜茶

去怀化的高速公路上，意外看到了“芷江”的路标，立刻决定，公干结束直奔芷江。

“芷”好美的字，“芳芷”“扈江离与辟芷兮，纫秋兰以为佩”。更因为芷江是英雄之城，抗日战争胜利的受降之地，中国历史上意义非凡的“庆五千年未有之胜利，开亿万世永久之和平”的里程碑之地。

怀化市区到芷江县仅四十多公里，一路高速，路况很好。

朋友接到先吃饭。湘西腊肉是我的心头好，尽管因为心脏问题已经基本素食，但今天这只馋虫实在压不住。

吃了三块极肥的老腊肉，香！

芷江鸭是当地名吃，味美主要是因食材，芷江麻鸭。

当然，对于无辣不欢的我而言，湘菜几乎没有不好吃的。

不过，还是太油腻了，配些酸酸甜甜的芷江酸萝卜与香香辣辣的湘西米豆腐，解腻又解馋。绝配！

晚饭之后散步，芷江的侗族风情处处可见。

芷江县教育局的老局长介绍了侗族“侗”的来历。

“侗”，原来被称为“狪”，是古书记载中的一种野兽。

芷江古称为“五溪蛮地”，形容当地少数民族民风彪悍。

这里是地道的湘西，也是中华人民共和国成立初期全国匪患最严重的地区之一。湘西匪首杨永清，北伐时期就是师长，他在芷江的鸡笼计划失败后被解放军镇压于芷江县城。

湘西剿匪的故事无不惊心动魄。

土生土长的老局长对芷江的历史了如指掌，娓娓道来，如数家珍，且对芷江充满珍爱，有他相伴，实属难得机缘。

到芷江就是为了领略抗日战争受降地的风采。

“八年烽火起卢沟，一纸降书出芷江。”

作为中国人民夺取抗战胜利的受降之城，历史选择了芷江。

芷江还有很多抗日故事，如陈纳德将军的飞虎队。

依然可以感受到路易斯安那州，田纳西河畔的原野上狩猎汉子勇毅、倔强的气息。

“少数人深知他们的信念正确，仍然是不能征服的。他们像是寂寞的传教士，要把他们灿烂和有力的福音理论，在缺乏想象力的劳苦人群中，散播四方。只有死亡足以使这些人沉默不语。有时，他们的声音继续从坟墓里传出，为人所闻。”

“我宁愿和喜欢的人在一起五年、十年，也绝不和我不感兴趣的人相处终身。”

飞虎将军陈纳德与陈香梅女士《一千个春天》的爱情故事，依旧让人侧目、动情。

大费周折找到这本1988年出版，保存还不错的二手书，书的扉页还印着河南省电影发行放映公司图书专用章。纸张虽已发黄变脆，陈香梅那句“我的一生值得”，依旧清晰。

芷江还是一个传统的历史文化之城。

芷江文庙始建于北宋，现在的文庙为清乾隆年间所建。

“务为正学”，养正心，崇正道，务正学，亲正人；

“通经致用”，学习是为了解决现实中的实际问题。

舞水河畔产绿茶，舞水银针，芽头壮硕、色泽如雪、挺拔如针、清新鲜爽。

但芷江当地野生甜茶，更具少数民族特色。

芷江野生甜茶，学名叫多穗石柯茶，采自武陵山区。当地侗族人称之为“观音茶”，意为观音所赐。

茶汤由绿逐渐变红，口感清甜，却无糖自甜，不产生热量，适合血糖偏高者饮用。

冲泡此茶控制投茶量，量多苦涩。

此茶不含咖啡因，
不会导致兴奋、失眠。

苦中有甜的芷江甜茶，就像英雄的芷江，不断提醒世人：苦莫忘甜，甜莫忘苦。

6.郴州小东江慢悠悠的茶

“郴”，林中之邑；“郴州”，就是林中之城。

高铁过了韶关，一路都在高山与丛林中穿行，郴州的确是被山林包围了。

郴州最出名的是“雾漫小东江”，可是今天没有雾。

东江，最大的特点就是——清。当地的朋友告诉我，东江水可直接饮用，无须任何净化加工。怕我不信，还直接捧了一捧，当着我的面信誓旦旦地喝了下去。我也照葫芦画瓢来了一捧。

江中一叶扁舟，恍如隔世。

岸边很多人都等着扁舟之上的渔夫撒网，等了很久，渔夫却不紧不慢、不慌不忙地抽着烟袋，好似在仔细地品着烟草的滋味，对岸边人们的等待浑然不觉。

有人忍不住了，开始喊："撒网啊！""撒网啊！"

渔夫好像压根儿没听见。

开始有更多的人跟着喊："撒网啊！""快撒啊！"

"莫慌，莫慌。"

渔夫竟一猫腰进了船舱。好半天，渔夫才出来，慢条斯理地整整渔网，然后便头也不抬，信手一甩。那渔网划出了一道美丽的弧线，悠然自得地落到了江中。

"白发渔樵江渚上，惯看秋月春风。"

……

到这小东江就是为了这一网，就是为了这不紧不慢，就是为了这句："莫慌，莫慌。"

是啊，慌什么。只要别太慌张、太匆忙，人生便会很长。

别慌张、匆忙得都不知道，你的一天是如何度过的，你的一生又是如何度过的。

史铁生在《我与地坛》中不是讲过："一个人，出生了，就不再是一个可以辩论的问题，而只是上帝交给他的一个事实；上帝在交给我们这件事实的时候，已经顺便保证了它的结果，所以死是一件不必急于求成的事，是一个必然会降临的节日。"

很多人说：人生苦短，不能浪费时间，应该把时间都用于有意义的事情上。

什么是"意义"？因人而异。

很多人对时间所谓的珍惜，却是柳宗元笔下的"虽曰爱之，其实害之；虽曰忧之，其实仇之"。

我们应该把时间用在那些能够滋养我们的生命，用在那些我们自己认为的美好事物上。比如，看书、喝茶。

如果这算浪费，那这种浪费，很美。

做一个真实的人，并不是一定要以经济基础或者社会地位作为基础，那是任性。需要的是一颗强大的心脏。你没有真实地活着是因为你胆怯，不敢真实面对外界的一切；你没有真实地面对自己，是你始终在自我麻醉或自欺欺人。

真实，很多时候是保护自己最有效的防护网，它就像人体的免疫系统，可以自动启动识别功能，将虚伪、虚假、虚空、虚幻，所有虚的东西都屏蔽在你的身体之外。

隔离比控制更彻底，从而更安全。

你对这个世界、对自己越真实，你便越自由。

这么好的水，必须要尝尝好水孕育出的好鱼。

小东江特产——翘嘴鱼，
也要不慌不忙地尝。

看了不慌不忙的江上撒网，不慌不忙地尝了翘嘴鱼，还要不慌不忙地用东江水，泡这狗脑贡茶。

茶，可以拉住你心里那匹野马的缰绳，让那匹野马温顺、安静下来，不忧未来，不悔过去，只感当下，只享当下。

产于郴州资兴狗脑山的狗脑茶，条索纤细紧密，色泽青绿润泽，香气清新明快，回味延绵悠扬。

狗脑贡茶属小众地方茶，名字虽有点儿不雅，确属好绿茶。

此茶分布并不很广，还有一个可爱的小狗标识。

狗脑贡茶有一个典故。

相传，炎帝为治天下百姓之百病而尝遍百草，在资兴山间误食了有毒野果而昏迷不醒。炎帝随身爱犬拖行了主人好几个昼夜，终于到了一棵大树下，爱犬累倒了。

旁边茶树上的露水滴到了炎帝口中，炎帝得救了。从此，这山叫作狗脑山，那棵茶树所产之茶叫作狗脑茶。

不远处有个没有经过人工开发的绝佳所在——高椅岭。

很多山口都能进去。穿过一个小村落，便来到了山脚下。

红岩绿水，险崖峻山，果然奇妙。

这山岭如同从天而降的巨龙卧在盆景般的碧水之间。山梁如同笔直险峻的龙脊，站在如刀劈斧砍的龙脊之上，简直就是君临天下之势。

这里是典型的丹霞地貌，谷间碧湖绿水环绕，色彩斑斓、姿态万千、气势磅礴、精美绝伦。

高椅岭的游人非常少。景致之所以这么绝、这么佳，或许与这里尚未开发，人迹罕至有关。

“应该被这个世界遗忘了。”当地人这么说。

“最好被全世界遗忘，才守得住它的绝美。”

回到了南宁，再品带回的狗脑茶，奇怪，竟不是在小东江品过的滋味，尤其是品不出那种悠慢的清香。离开产地，味道竟如此大不相同。不知是因为水，还是心境。

应该是既因为水，也因为心境。

与曾经相比这个世界最大的变化就是越来越快，包括感情的去与来。快得让我们这些体验过轻松缓慢，经历过细水长流的人都有些不知所措。

比如写信，曾经的我们会细细地琢磨，写好，投入邮筒，然后充满期待，静静地等着秋叶中骑着自行车的邮递员的身影。而现在，快得只需要动一下手指，片刻就能收到回信，却再也没有了静静等待的心境与美好。

葡萄牙作家若泽·萨拉马戈曾说过这样一句打动人心的话：电子邮件永远也不会沾上眼泪。

难怪，没了小东江的不紧不慢，又怎么品得出这狗脑茶的慢慢悠悠。

7.衡阳南岳的寿茶

二十六年前，曾来过衡山，那时，我还是一个无忧无虑的青涩少年。这么多年过去了，“我还是曾经那个少年，没有一丝丝改变”吗？早已是“物是人非事事休”了。

当年因这张“衡山如飞”的邮票，便任着少年的性子径直来了衡山。

“人不轻狂枉少年，问心无愧真君子。”

少年自有少年的好！

邮票中这座巍然傲立如擎天之柱的山峰，就叫作天柱峰，峰顶的那个亭子原是南岳林场观察火情的瞭望亭。

茫茫云海中，南岳群峰确是一副展翅欲飞的姿态。

现如今，青山依旧在，却已几度夕阳红。

南岳衡山，之所以称寿岳，因其祈福主题，就是寿。

寿岳自古祈寿之风浓厚，香火也异常旺盛。

不过，大多的善男信女在向佛祖祈求什么的时候，却忘了先看看自己的发心，先想想佛祖能给你的到底是什么？

佛祖能给你的只有慈悲与智慧。也只有这两样能够帮助你解脱于恐惧、愤怒、失望、烦恼。佛祖给你的，是启迪你内心力量的觉悟，不是庇护。故，敬畏佛祖更重要的是敬畏因果。

所谓佛法慈航，指的是佛法渡你这块石头走出苦海，可是没有敬信之心，慈悲之船安在？

山前南岳大庙，这边清清静静幽幽廊阁，那边却熙熙攘攘，烟火香客祈求之声之色鼎沸。原本也想上一炷香，无奈香客们实在太多，已无立足之地，于是四下里走了走。

《金刚经》明示："信自身中佛性，本来清净，无有染污，与诸佛佛性，平等无二。"

"若以色见我，以音声求我，是人行邪道，不能见如来。"

衡山最高峰，祝融峰，得名火神祝融。"祝"，永远；"融"，光明；"祝融"即永远光明之意。

二十六年前，我曾站在那里，现在心脏虽然出了状况，但还是想在当年站立的地方再站一站，看看能不能再找到些许曾经。

同行老何已不年轻的妻子，感慨了一句："求不求得寿，一点儿也不重要，重要的是我们彼此可怜了那么多年。"

"老何从小就很可怜，当兵开始就要养父母和几个妹妹，他这辈子太不容易了。如果我不可怜他，就没有谁可怜他了。"

简单的几句话，却是一点儿也不简单的情与义。

说的没错，爱，首先是疼惜。如果有人告诉你，只爱你，而不会可怜你、疼惜你，那一定是谎言、妄言。

衡山自古产茶。

“寿岳之茗，祝融称善；云雾作幕，烟霞为幔。”

衡山之茶称南岳云雾，产于祝融峰的春茶，就叫祝融春。

衡山绿茶最大的特点是嫩与淡。色泽翠绿多毫，鲜爽嫩香持久，口感清淡自然。因其产于高山之中，无任何污染，常饮可延年益寿，又称寿茶。其实，寿源于业与缘，我们更该做的是善护身语意；而在这寿山，寿缘该是这寿茶。

恰好，遇到了今年的头道春茶，实在有口福。

茶家反复叮咛，这祝融春是无污染的纯天然之茶，千万别洗茶，否则实在可惜。

看得出，这个从广东湛江嫁到此处的女子，也爱茶。

这衡山的头春茶很厚，嚼之如有物。你都能看得到那香气慢慢从杯中溢出，升腾至四下，再慢慢地飘散开来。即使你已喝到了口中，那香气也关不住，一张口都会泻出些。

“品衡山寿茶，一定要配着衡山果。”她善意地提醒我。

由当地野果制成的果脯，同样源于天然，酸甜爽口。尽管看起来笨呆呆、黑乎乎的，毫不起眼。

“喝了衡山寿茶，吃了衡山寿果，您一定长寿！”

衡山菜的味道实在不错，香香辣辣很合我的口味。

衡山的豆腐乳细嫩软糯，也异常的出色，尝了一口之后，便上了瘾。自此，每餐必会向餐厅老板讨要一块佐食。

老板娘倒也爽快，后来只要见我进了餐厅，便一语不发，直接先夹一块放在我的桌上，倒是我有些不好意思了。

最好吃的还是衡山的油豆腐。

8.株洲炎帝陵慈悲的茶

长沙到炎陵县还没有通高铁，绿皮车在长沙站发车。

很久没看到过这种具有浓厚时代感的老火车站了。

湛蓝天空映衬下
说不出的亲切。

四个小时，摇摇晃晃到了炎陵县，一个山区小站。

炎陵县，古称炎酃县，“酃”与“灵”，同音同义。

炎帝神农氏、黄帝轩辕氏，华夏子孙的始祖。

炎帝陵，炎帝的安寝福地。“汉载有陵，唐有奉祀。宋建陵庙，清定形制。”炎帝陵的香火已传承了上千年。

庄严得让人脚步
不由自主慢了，
轻了下来。

祭祀炎帝有文祭、物祭、酒祭、火祭、乐祭、龙祭、歌祭、舞祭等很多种形式。

标准祭祀应先击鼓鸣金，然后敬奉供品，歌祭炎帝，敬献高香、花篮，行鞠躬礼，恭读祭文，恭焚帛书，鸣炮奏乐。

我刚知道，炎帝陵位于井冈山麓，距离井冈山核心区仅 80 公里。要是早些知道，上次去井冈山时便已来了。

炎帝，我国上古时代的部落首领，相传其在位一百二十年间，开创了“为天下及国，莫如以德，莫如行义，以德以义，不赏而民勸，不罚而邪正，此神农皇帝之政也”。

尧帝感叹：“朕之比神农，犹昏之仰旦也。”

这“旦”，在我看来是慈悲。

对这个世界的认知，曾经有太多的人就像提婆达多所说：“鸟儿在天空时并不属于任何人，但我从天空中把它射下来，它就应该属于我。”

他们认为，这个世界一切东西的归属法则是“强夺”。

炎帝做到了“不望其报，不贪天下之财，而天下共富之。不以其智能自贵于人，而天下共尊之”。

炎帝，以其终不自为大，故能成其大。

黄帝的功绩体现于政治，炎帝的主要功绩则集中于民生。

始作耒耜、教民耕种，尝遍百草、发明医药，弦木为弧、剡木为矢，作陶为器、冶制斤斧，日中为市、首辟市场，削桐为琴、练丝为弦，织麻为布、制作衣裳，建屋造房、台榭而居。

通过炎帝生平能感受到慈、悲、喜、舍，四无量的菩提心。

慈悲的发心是平等对待每个人。炎帝这“帝”字，在这份慈悲之心的映衬下，似乎一点儿也不重要了。

现在的人，似乎越来越自我、冷漠，只关心自己，至多也只关注与自己有关的、有限的人与事。

他们在自己与这个世界之间画了一个清晰的、他人和自己都难以逾越的界线。他人走不过来，自己也走不过去。真的是画地为牢！牢房的看守就是他自己，且孜孜不倦地强化着牢门；给自己判的刑期，竟然是无期徒刑。而这个牢笼，遮挡住的是普照大地的阳光，死死困住的却是自己。

很多时候，当你觉得这个世界冷漠，是因为你对这个世界冷漠。爱，是美好的相互传递；爱，不可能从天而降。

"神农尝百草，日遇七十二毒，得茶而解。"

陆羽《茶经》记载："茶之为饮，发乎神农氏。"

相传，炎帝正在编写医书，面前烧着开水，几片枯叶随风落入水中。清澈之水渐变成琥珀色，赏心悦目，炎帝饮后，顿觉神清气爽、精力充沛。

茶，由此诞生世间。

关于茶的传说实在数不胜数，无须究其真伪，只要感受到美与好，就好。

《茶陵图经》云："茶陵者，所谓陵谷生茶茗焉。"

炎帝虹化之地，产茶历史悠久。现今，炎陵红茶备受推崇。

炎陵红茶，尤其是高山红茶的香气异常高扬，甜香、花香、蜜香，一层一层的香气层出不穷。这种独具辨识度的香气被称为“炎陵香”。想了想，我称之为“慈悲香”。

读了慈悲心，品了慈悲香，心，安宁了很多，好似得到了某种护佑。其实，所有外部力量的拯救都是通过自我意识催化与改变而提升自我心灵的力量，实现自我的拯救。

正所谓天救自救者。

这力量可以是坚强，可以是柔软；可以是握紧，也可以是放下……

回长沙，路过同属株洲的醴陵。

荆楚古邑，瓷城醴陵，釉下彩瓷被称为“国瓷”。

醴陵建了个“瓷谷”，称“谷”，自有道理。

谷曰为吉，
谷旦为良，
谷土为善。

国瓷无须赘言，瓷谷中一个很有味道的书吧，值得说说。

门口放着的第一本书就已现味道。

“没有热恼喧嚣，独守一片风景，似与世无争，在默默中独显一种意境。因为书店，因为阅读，让我们的生活有了美好的可能。因此，我们有必要向书店致敬。”

翻开关于醴陵的一本书，这就是醴陵的味道，“半卷旧书，一抹柔光，数缕茶香，翻卷瓷器杯具的温润盈白，不经意遇见一座如此美丽的城市”。

看我带回的一个釉下彩茶杯，定要仔细看、仔细品，定能品得出醴陵的意味。

从此它成了伴我走遍天涯的随身主人杯。

9.华容桃花山的野茶

岳阳，古时赫赫有名的巴陵，现今却是个有滋有味的小城。

城门洞里的习习凉风，让人禁不住慵懒了几分。

红墙下，读书、喝茶皆是理想之所。

读书，自然读范仲淹的《岳阳楼记》。

“予观夫巴陵胜状，在洞庭一湖。衔远山，吞长江，浩浩荡荡，横无际涯，朝晖夕阴，气象万千，此则岳阳楼之大观也，前人之述备也。”

“先天下人之忧而忧，后天下人之乐而乐。”

逢山驻马采茶，遇泉下鞍品水。我在华容下了“马”。

岳阳华容，小城中的小城。朱家湖、状元阁，还有湖中的莲花都是那般懒懒洋洋。这种小城很养人。

华容，得名于三国嵇康的《琴赋》，“华容灼爚”。

“东风烧尽北船兵，江上奔驰纵路横，不是华容天与便，暮云铜雀锁愁声。”

哪里是什么“天与便”，分明是华容道关公义释曹孟德。

三国演义中的“华容”有两处，一处是湖北鄂州的华容，一处是这湖南岳阳的华容。到底是哪个，各说各理。不管到底是哪里，经过考证，湖南华容是千真万确的三国古战场。

相传，曹操赤壁兵败逃往荆州，路过华容道时战马摔在了悬崖上，这“倒马崖”就在华容的桃花山。

或许，当年关云长横刀立马就在这古道之上。

温酒斩华雄，斩颜良、诛文丑，过五关、斩六将，千里走单骑……关云长是不折不扣的英雄，尽管后人诟病他清高自负败走麦城，落得个身首异处。我却认为，正因有血有肉、性格鲜明，关云长才更加真实、可爱，这真性情的英雄才更加深入人心。所谓清高自负，丝毫未损“武圣”威名。至于傲视群雄，“且将酒放下，待我斩了华雄再喝不迟”，视天下英雄如草芥；至于怒斥江东孙权联姻，“犬子怎配得上虎女”，更让人对他眼不抬、情无动的傲气钦佩不已。

有时候，一个人独有的缺点才是这个人的魅力所在，正是这些缺点让他人得以阅读他的灵魂，并爱上他。

张飞狂，狂得天真可爱；关羽傲，傲得浩气长存。

这才是真性情的英雄得以流芳千古的真正原因。

曾文正公所言："天下古今之庸人，皆以一惰字致败；天下古今之才人，皆以一傲字致败。"虽被奉为至理名言，但面对关羽的傲，也只能无可奈何了。

关羽选择了骄傲，就是选择了自己的人生，无论是喜是悲，我想，他都会无悔。

想起了另一个盖世英雄——楚霸王项羽。

电影《王的盛宴》中有一段话：贵族就是这样，只能看到自己的光芒，而忽略别人的欲望。

项羽真的忽略了？恐怕不是。他是不屑以不太光彩的方式在鸿门宴杀了刘邦，而失了他高贵的身份，被天下人耻笑。

项羽，一个标准的贵族，却因高贵被砍了头；刘邦，一个并不怎么高贵，甚至没有尊严底线的人，却最终做了皇帝。

崇尚贵族精神，似乎都是以悲剧人生收场。这一点贵族们应该非常清楚，但他们依然选择高贵。

桃花山野生毛尖，未经任何特殊工艺，野性十足。

野茶的野气与关公的傲气简直绝配。

陆羽《茶经》曰："野者上，园者次。"

华容野生茶天然生态，很细嫩，嫩得稍不小心就会焖烂了茶叶，冲泡此茶需特别注意，应用80摄氏度的水，否则容易失去其独特的香气与养分。

华容野茶的汤色格外清亮，闻着有一种从未闻过的、独特的烤烟香气，入口也是一种说不清的特别的滋味。

一杯茶，千人千味，正如人生。

在这桃花山喝了野生茶，我也平添了几分豪气。早已忘了“坚强者死之徒，柔软者生之徒”的古训。

你的人生不需任何人理解与肯定，那是你给自己的选择，只需你自己无怨无悔地享有，就好。

有人挑唆，一定要尝一尝华容的臭豆腐。

好吧。

外脆里嫩，又臭又香，辣得很地道，也很过瘾。

“你说，当年那关云长会不会也吃过这华容的臭豆腐呢？”朋友调侃着。

“为什么不呢？谁说英雄就一定不能吃臭豆腐！谁说吃了臭豆腐就一定不能称之为盖世英雄！”

10.石门夹山寺的禅茶

常德石门夹山寺，“禅茶祖庭”，茶禅一味，闻名于世。

宋代高僧，夹山寺主持，圆悟克勤曾在此说法“千古禅宗第一书”——《碧岩录》。

梁武帝问达摩大师：“如何是圣谛第一义？”摩云：“廓然无圣。”帝曰：“对朕者谁？”摩云：“不识。”帝不契。达摩遂渡江至魏。

“赵州至道，至道无难，唯嫌拣择。”

“云门好日，日日是好日。”

“南泉示道，道不属知不知。知是妄觉，不知是无记。”

“狗子佛性，家家门前通长安。”

何为圣谛第一义？

凡圣一如，法不二分。

我始终推崇“无说无闻，是真般若”。

日本的茶道鼻祖荣西高僧曾两次来此参禅，并由此写了《吃茶养生记》，开创了日本茶道。

世间有什么事不能淡然“放下”？明天的事就交给明天吧，今天且不要烦恼，如果明天还是无法解决，后天依然无法解决，那就交给时间吧。当下，还是“吃茶去”。

碧岩泉前写着，“一池水观善根，两杯茶香人生”。人生，实在是“本来无一物，何处惹尘埃”。

六祖慧能大师这首偈原为四句，还有前两句“菩提本无树，明镜亦非台”，证悟了“菩提自性，本来清净”。

人生如一湖水，烦恼、痛苦就是尘。尘落入湖中，怎么捞也捞不出，你更不可能使这湖水全部干涸，你能做的就是让尘慢慢沉入湖底，而水慢慢回归澄净。

这也是清净六根，参苦集灭道四谛，空色受想行识五蕴，心生实信、净信，保持灵魂安静，度一切苦厄的法要。

知止而后有定，定而后能静，静而后能安，安而后能虑，虑而后能得。

一切安静与安宁，皆源于“止”“寂止”。

慕夹山寺之名而来的人，大多抱着以茶修行的念头。所谓修行，修的不是外在形式，是内在的一颗心。当今的人，普遍存在逃避的心态，而修行的第一步就是要面对自己最不愿面对的人和事。

修行，修的就是那颗不躲、不逃的心。

虽未品到相传的夹山牛牴茶，但临波一壶石门银峰也实为一大幸事。

石门银峰，是一款古法新茶。

条索细直，银毫丰富，
色泽翠绿，香气清高。

石门银峰属高山茶，有着淡淡兰香，清凉透彻，回甘较快。

武陵山的云雾之茶确有世外桃源的意味。

此茶相对于绿茶而言，较耐泡，第四五泡仍有存香。

想起了日本茶禅大师利休的茶禅诗，“有径通尘外，品茗在茶苑。世人常聚此，只为绝凡念”。

一抹醇香入口，慢慢漾开，漾至周身五脏六腑。

茶，乃是有神性之物，这神性就是敬信与净信。夹山寺的禅茶，让你透彻体味独处。

独处之妙在静。

安静地独处是一种享受，否则就是寂苦。

夹山寺的斋饭是我吃过最好吃的斋饭。据说，因其用的是自己榨的豆油。

夹山寺名噪一时还有另一个原因。

相传，闯王李自成兵败并未身死，而是隐于这夹山禅寺，化名奉天玉和尚，最后也圆寂于此。

不知他是躲入佛门，还是遁入空门。

“劝你休时你不休，死在两县夹一州。”这番话有些不妥，李自成不是也说了“一林冻雨新霁后，倒影纤红射玉心，小鸟一群枝上下，啾啾唧唧若壮吟”嘛。

从小，我就有着浓厚的闯王情结。

《李自成》是我读的第一部长篇小说，但对于当时还非常年轻的我而言，最触动我的却是“慧梅之死”。

张鼐送她一支笛子、一把短剑，她为张鼐绣了一只香囊；张鼐送她的风筝，她爱不释手，都舍不得让姐妹放……那么美、那么纯的爱，竟然以刚烈的慧梅不得不嫁给袁时中，而袁时中叛变，慧梅自刎告终。

记得当时看到老神仙赶来，急得我都要跳起来了，快呀！救救这个好姑娘！救救这份纯美的爱情吧！

但是，这次，老神仙没有起死回生。

……

感情的开启并不难，甚至不知所起，自然而然，结束却都那么的痛。我感受到了慧梅、张鼐的心痛不已，那是一种撕心裂肺、万念俱灰的痛，一种生不如死，一生难以释怀的痛。

原本对坚强刚毅、百折不挠的闯王李自成怀有的深深敬意，蒙上了一层厚厚的阴影。

那可是潼关南原十八骑血战突围的闯王啊！

人的痛苦在于放不下在乎。每个人在乎的东西不尽相同，慧梅放不下张鼐，李自成或许放不下天下。

“有情所喜，是险所在；有情所怖，是苦所在；当行梵行，舍离于有。”

在佛门圣地谈“爱”，似有些不妥。

其实，佛，并不是让我们绝“爱”，而是绝“欲”。

“爱”与“欲”的本质差别是“收获”与“占有”。

“爱”是快乐付出后的自然收获，“欲”是自私索取后的强行占有。

发心不同，过程不同，结果必然不同。

有多少人打着“爱”的幌子在索取，强求“欲”，还暗自窃喜，这都是些无明、可怜之人。无明是因为其人竟不知世间还有那么美好的“爱”；可怜是因为其人无明的一生根本就没享受过“爱”。

每个人都渴望爱，但有些人一辈子都不知道。爱，是付出之后才可能得到的神圣之美。

11.韶山冲觉醒的茶

长沙下雨了，雨好大，瞬间就是天漏的感觉。

我的心也在下雨。

自认是个善断不善谋的人。“善断”，是因我讨厌在纠结中度日，遇到问题，无论对错，都会在最短的时间里给自己一个选择。但这次不同，心脏病已确诊，到了无法逆转的地步。

人生如戏，这场戏的结局不一定是自己想要的，但是结局就是结局。知道自己必然死与知道自己何时死，有本质的差别。不害臊地说：“我害怕了。”每晚睡觉我不关窗帘，就为了清晨第一时间看到晨光，这代表我又多赚了一天。

你越怕什么，就越去直视它、凝视它，而不要不敢看它、偷偷地看它。这是克服它唯一的出路。

最痛苦的时刻，也是最可能洞见生命真谛的时刻。

老友老何什么也没说，定带我去韶山冲散散心。

真正爱我们的人不会一味地鼓励我们坚强，而是包容我们的不够坚强，并默默陪伴着不那么坚强的我们。

一路之上，沮丧若即若离始终挥之不去。怕死，算是我的一个弱点吧。每个人都有弱点，自认没有弱点的人一定是愚蠢无知之辈；所有人都认为没有弱点的人，一定是虚伪之辈。

从容不仅是一种状态，更是一种考验，只是没想到这考验来得这么突然。不断提醒自己，接受不了痛苦，只会更加脆弱。不仅于事无补，且会加剧痛苦的程度。

在某种特定的状况下，人一定要将精神与身体分离。

身体的状况有时并不以我们的意志为转移，但精神却可以保持健康与活力。或许解救不了自己的身体，但必须解救自己的精神，解救自己的灵魂，这是对生命的解救。

对已步入绝境的我而言，不仅需要形成一种态度，对世界，对生命的态度，更要坚定态度，无论发生了什么，都不能动摇的基本态度，那就是不躲避自己，不躲避生死，坦然而诚实，宁静而温和。

死，谁都要面对，差别不过早晚而已。何惧？何妨？

尝试一下，真实地面对一次即将“死”去的自己，然后，勇敢、认真地问自己：你最想要的是什么？或许会发现，实现那个生命中最重要的愿望一点儿也不难。

向死而生，所有的问题都明了简单了。

“我才 51 岁”与“我已经 51 岁”有什么差别？

一个人真正恐惧的，其实是自己的内心对无常的抗拒。

能来人间走一遭的机缘，已经是生而为人的福报了。

面对一代伟人，自然会想到一个词——成功。

人，穷尽一生，其实就是做一件事，做一个什么样的人。

曾经，我告诉自己要做一个成功的人，甚至以伊藤博文的“醒掌天下权，醉卧美人膝”为人生的终极目标。后来却发现，“舍慈且勇，舍俭且广，舍后且先，死矣！”

应该做一个高尚、高贵的人，有高尚的情操与高贵的灵魂。

做得了做不了所谓的贵族阶级中的一员，自己说了不算，做一个精神贵族，还是拥有外人无法剥夺的权利。做一个俗不可耐，所谓成功的人，需要的是狡黠与手段；而做一个高尚、高贵的人需要的是胸襟与智慧。前者，必然会不可避免地做出很多违背本心的事情；后者却全由自己决定，要容易得多。

“菩萨只向心觅，何劳向外求玄。”

成熟的人需要的光亮来自自己的内心，只有内在的光亮才可能照亮内在的晦暗。

毛主席爱喝茶。老何知我是不折不扣的茶痴，到韶山冲，自然少不了带我品茶。

茶，这个字实在太好了！人在草木间。那种被自然滋养的感觉让茶成了感知意义上超脱的存在，也让我由此深爱上了茶，一日不品、不饮，就好似生命中最重要的一股气韵被抽空了。且如果无茶来补充，就会一直那么空着。

韶山毛尖当地人称毛公绿。与其他毛尖一样，很清也很轻。饮了便神清气爽，身体与心灵也轻松了几分。

浓茶养精神，淡茶滤心尘。

所谓茶无上品，适者为珍。每种茶自有它的好。

饮茶，不是为了饮过多少种茶，而是为了体会品饮时心灵的变化，抑或就是为了安安静静地饮一杯茶，安安静静地享受这个时刻。

有茶的生活便是风轻云淡，明心见性。

死都不怕，还怕活着？心存正见，便无芥蒂。喝茶！

当你穿越了那个黑暗中的自己之后，虽然你还是你，但已不是原来的那个你。

遇到一个小邮筒摆件。以后遇到心结就给自己写封信，投进小邮筒。定期开启，定期观照自己的心路历程。

觉醒，有很多种机缘，但“缘”只是阳光、水分、土壤，觉醒的“因”，通常却是痛苦。

痛苦，才是使生命得以升华的觉醒的种子。

今天，这第一封信的主题就是觉醒。

苏格拉底定义哲学为“死亡的准备”。他坚信，灵魂不灭。

对于这个问题的不同选择，是人生价值观的根与源。

只有相信灵魂不灭，相信灵魂脱离肉体而长久存在，生命才有了存在过的意义。

斯维德伯格在《天堂与地狱》书中写道：“尘世中身体之外还存在着一种精神生命。这种生命拥有完美的感觉，经过一段黑暗的岁月后，精神的双眼将看到一个无比完美、精彩、令人心满意足的世界。”

杨绛先生不是也说过：“只有相信灵魂不灭，才能对人生有合理的价值观，相信灵魂不灭，得是有信仰的人。”

凡人肯定无法与哈迪斯（古希腊死亡之神）较量，但凡人也有凡人的尊严与意志，依然有展现优美与力量的权利。

“我真的觉醒了？”对这个问题的答案，我不敢完全确定，但有一点我却能肯定，如果一个人觉醒得太迟，也就无法改变什么了，觉醒本身，也就没有了意义。

时光留给一个人最珍贵的礼物是成长。

经历留给一个人最珍贵的礼物是觉醒。

叔本华说：“若打开坟墓，试问那些死者还想否重返人间，相信他们必定会摇头拒绝。”

我不确定，如果有那么一天，我会不会摇头。

但是，“人生在世只是短短几十年，比之他不生存的无限时间，几乎可说等于零。因此，稍加反省，为生命濒临危险而大感恐惧，或创造一些把主题放在死亡的恐怖，使人感到惶恐悚惧的悲剧，实在是莫大的愚蠢。”

回到长沙的第二天，天竟然晴了。

沐浴阳光本是我最重要的嗜好之一，阴雨连绵季节的长沙，这明媚的阳光就是惊喜，脱去厚重的衣服，沐浴在阳光中看书、喝茶，就是惊喜里的欣喜。

只可惜我的房间每天只有三个小时的日照。这三个小时，除了喝茶、看书，别的我什么都不会做，生怕这欣喜被浪费、被错过一分一秒。

又错了！要知足！三个小时已经够奢侈了！

从人性上讲，这个世界上应该没有人绝对不畏死。

那些所谓不畏死的人，要么就是强装镇定，要么就是守持正念。遇到了过不去的坎，怀着正念、守着正念是唯一的出路。且不能放弃希望，一旦放弃了，就会被绝望彻底淹没。

《心经》曰："无有恐怖，远离颠倒梦想，究竟涅槃。"

无恐是解脱之源。这里所说的恐，是害怕得不到，得到了害怕失去，也就是心有挂碍。"不生不灭"，如果生死的挂碍都没有了，还有什么能让我们"恐"呢？

何况孔子也说过："内省不疚，夫何忧何惧？"

行到水穷处，坐看云起时。

我想，我突围了，突出了自己耕植心底的重围。

12.横县的茉莉花茶

明天去横县品茉莉花茶。

开始整理背包，这次出门带些什么呢?

旅行烧水壶？必须！可随时随地烧水泡茶；旅游鞋？必须！万一下雨了可以替换；一套茶具？必须！喝茶就应有仪式感；短裤？必须！天气炎热可换下长裤；备用T恤？必须！出了汗依然能保持清清爽爽；墨镜？必须！遮挡紫外线；笔记本电脑？充电器？随时可阅读的书……似乎都必须，可背包实在太重了！

当你拥有的东西越多，你就越可能被那些“拥有”羁绊、束缚、捆绑甚至关押。我现在就差点成了旅行的俘虏。

哪有那么多必须！不过去一趟不到100公里的横县。

今天，我就空手出门了。只带着眼睛、鼻子、嘴巴、耳朵，只带着一颗体验世界的心。

横县，茉莉之乡，中国最大的茉莉花种植基地。

荷兰阿姆斯特丹被誉为世界“郁金香之都”，保加利亚的卡赞勒可称为世界“玫瑰之都”，日本东京被称为世界“樱花之都”，法国普罗旺斯被称为世界“薰衣草之都”，中国的横县就应称之为世界“茉莉之都”。因为，这里铺天盖地都是茉莉；因为，全世界每10朵茉莉花中就有6朵出自横县。

茉莉，东汉时期从古罗马沿丝绸之路到达洛阳，后随佛教传到百越之地，包括今天的横县。

横县的茉莉花，叶片翠绿，花朵洁白。

据当地人说，茉莉都是晚上八九点才完全开放，白天枝叶的顶端都是一个个含苞欲放、娇小可爱的白色花骨朵。

这会儿，花朵还未完全开放，园中的花香并不十分浓郁，是一种淡淡、甜甜、若隐若现的香气，清纯、沁人。

素雅、芬芳、质朴、纯洁的茉莉象征忠贞、长久的爱情。

茉莉的花意，你是我的。茉莉，“莫离”，寓意永远莫离开。这花意寄托着人们美好的情感与愿望，但别离似乎终是人生无法逃避的主旋律。

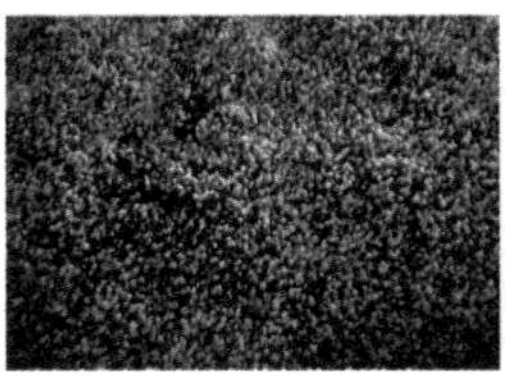

来到当地的一家茶厂。一进门，就被铺天盖地正在窨制的茉莉花茶包围了，场面甚是壮观。浓郁的花香与茶香中，爱茶如命的老板讲述了茉莉花茶独特的制作工艺。

纯茶与茉莉花相互混合在一起，制茶工艺中称为“窨”，这种窨的工艺要在夜间八至十点茉莉花完全开放时才能进行，一边吐香一边窨。之后，再通过专门的设备将花与茶分离。

传统的茉莉花茶应是“只闻花香不见花”。

有的茉莉花茶中可见零星花朵，仅仅是为了点缀。

制成当地标准的茉莉花茶，需要反复窨 8 次以上。

正说着，花农送来刚刚采下的鲜花。老板简单翻看了几下，露出不满的神色。好奇的我也接过来仔细看了看，拿起了几朵深深嗅了嗅。在我看来，这鲜花很出色啊！

“洁白度不够，匀称度也差些，只能勉勉强强打个70分。这样的花不能用作窨茉莉花茶的主花。”

看我面露疑惑，他仔细给我解释：“茉莉花茶需要窨八道以上，这种70分的花可以窨前面几道，但最后三道绝不可以，必须用90分以上的鲜花，否则，香气很难达到标准。”

年轻老板的神情与语气清晰地透露着不容置疑，丝毫没有可以商榷的余地。

“那些窨后的茉莉花怎么处理呢？”我好奇地问道。

“只能做猪饲料。”

“这横县猪的待遇实在太高了！”

茉莉花可以与绝大多数的纯茶制成风格各异的茉莉花茶，常见的有绿茶碧螺春、毛尖、毛峰，各种红茶，白茶的牡丹与银针，黑茶普洱，还有广西的六堡茶……

品茉莉花茶，品的就是它的花香，冰清玉洁、淡泊悠远的“天香”。茉莉一出，百花不香。

“我们还喜欢用茉莉花制作夏季冰茶、奶茶，各种茶点，要不要试一试？”老板问我。

“当然！”

品了茉莉花茶，还一定要尝尝横县的另一特色——鱼生。

横县鱼生源于清代。最早吃鱼生，是因郁江上打鱼为生的贫苦渔民没有油盐酱醋等调料，无奈只能活剥生吞，借以果腹。

演变至今，竟成了横县最具特色的佳肴。

横县鱼生有两大特点：一是鱼，郁江野生鱼肉质莹白紧实，滋味异常鲜美；二是料，细如发丝的洋葱、紫苏、薄荷、姜丝、萝卜丝、柠檬叶等二十多种调料，以轻薄如纸的鱼片卷着一起入口，满口浓香。

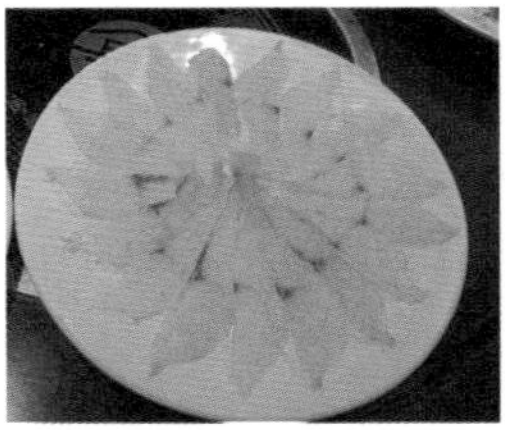

该离开的时候，同事小欣欣一定要带一盆栽的茉莉回去，我劝住了她。我们都非养花高手，未必能很好照顾它，还是让它留在家乡，留在它亲人身旁，自由自在地吐露芬芳吧。

“好吧！遇见了已经很美了。”她一边说，一边笑了。

“你今天的笑与众不同。那是心里藏着幸福的人才会有的笑容。”

“那是因为我的心被茉莉花‘窨’过啦！”

旅行，不能只用眼睛去看、用鼻子去嗅，更重要的是要用心去贴近美好，用美好窨制我们的心，让我们的心馥郁芬芳。

13.凌云的白毫茶

百色，不仅是广西，应该算得上全国最热的地方之一了。百色的热，是火辣辣的炙热，烤得人皮肤生疼。一整个夏天，百色城的人们都躲在了空调屋子里不敢出门。

百色有一宝物——百色芒果，如桂七，驰名天下。

偷偷在路边的树上摘了一个小芒果玩儿。

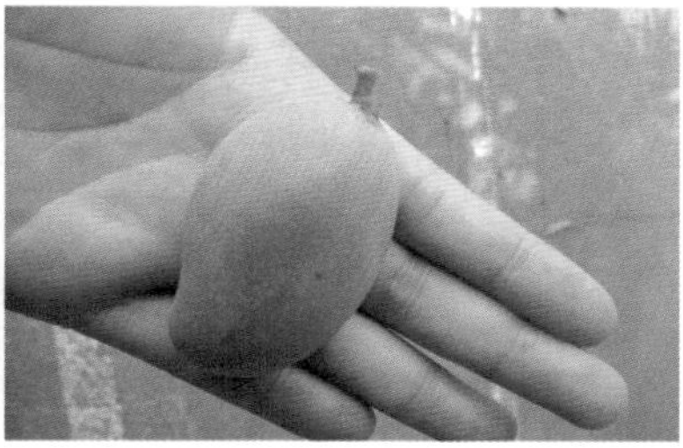

这次是去百色凌云县，寻凌云白毫茶。

除了寻茶，还有一个更重要的任务，祭奠先烈。

那坡烈士陵园，安葬了952名在对越自卫反击战中牺牲的革命烈士。祭奠为国捐躯的他们，是我在广西的一个非常重义的心愿。

为什么唯独对这些烈士怀有独特的敬意?

这是我们国家经历的距今最近的一场战争，结束还不到三十年，我们这一代人都是真实的见证者。脚下的土地警示着我们，残酷的战争距离我们很近，近得超乎你的想象。

这些烈士都是我的同龄人，绝大多数年长我十来岁；作为一名曾经的军人，他们也是我的战友。可是他们为国捐躯了，我还活着。他们提醒着我，战争距离我也很近，若早入伍几年，或许我就是这场战争的亲历者，或许我就是他们当中的一个。

回到百色市已经入夜了。

明天还要坐两三个小时的汽车，今晚实在不想洗衣服了。

翻了翻包，太好了！还有一件干净T恤。

睡觉!

早晨接到通知，有重要工作需要当日赶回南宁，唉!

马上提醒自己，要改变期盼的习惯。

过度期盼会让人陷入焦虑，焦虑会让人忽略当下。

旅途最重要的是过程，而不是目的地。何况，绝大多数的目的地，当你到达后会发现，皆是自然而然的呈现。期盼时的激动早已不知所终了。而一路走来的点点滴滴却没有烟消云散，它们都留下了清晰的印记。

二个月后。

身体出现严重问题，应该不会在广西待太久了，想着如果再不去就没机会了，两个相处三年的兄弟还是带我到了凌云。

从南宁到凌云没有火车，开车需要近四个小时，蛮辛苦。

凌云是产茶之地，“中国名茶之乡”。加尤镇有一片茶山，称为茶山“金字塔”，由大小 50 多个茶山组成。

眼前是茶山，
远处也是茶山，
远处的远处还是茶山，
满眼茶色，满腔茶香。

风吹茶园的沙沙声，就是世间最美的音律；茶的律动就是心的律动；草木有心，我相信，眼前这茶山对我是有心意的，茶香让我们心意相通，我绝不会辜负这心意。

我也要，我正在，成为自然中的一分子。

彼此相融的前提是彼此毫无保留。

茶山做到了，我也做到了。

胸中涌出了一股温柔的力量。

我凝视着茶，茶也在凝视着我。在我眼中茶是自然的生灵，我在它的眼中是什么？

与大地对话的日本摄影师星野道夫，虽罹难熊爪，但追寻真与美的一生堪称壮丽。他说过：“无论哪个民族生活在多么不同的环境中，所有人都有一个共通点，那就是每个人的生命只有一次，且无法替代。世界就是由这些无数的点串联而成。在希什马廖夫村所度过的三个月，每天都让我有这样的感受。”

我或许无法得到壮丽的人生，但我也有我的阿拉斯加。

凌云主产白毫茶，因鲜叶背部长满白毫，当地原来称之为“白毛茶”。

凌云白毫有绿茶、红茶，我偏爱绿茶，口感清凌。

凌云也产白茶，有幸试了一款十年的老茶，药香浓郁。

好的绿茶第一泡是精华，不能洗，尤其是茶毫丰富的茶，喝到杯底，还要摇一摇，将精华尽数享有。

老白茶，不仅要洗，还要醒。

第一泡，洗去茶的风尘，第二泡不仅洗净还要唤醒沉睡中的茶。醒过的茶，你都可以感觉到它慢慢睁开眼睛，舒展蜷缩的身体，开始渐次释放沉淀已久的内在韵味。

春伤秋愁，茶可疗治心伤。

茶，实在是圣物。

日本茶之鼻祖，荣西高僧将茶称为“心药”“若人心神不快，尔时必可吃茶调心藏除愈万病矣”。

回南宁的路上，我提议拐个小弯，去其中一个兄弟的家里看看。最近特别忙，这个兄弟好久没回家了，他的儿子还不到一周岁。

近期心情有些沉重，两个兄弟什么都顺着我。

谁知他的家在大山深处，一个“小”弯竟用了两个小时。

我阻止他与家里联系，他应该还是在服务区背着我悄悄地通知了家里，为我准备了山里的蛇肉、山鸡……

他应该感觉到，以我的身体状况不会在广西待太久，尽管什么都没有说，大家都有些难掩的伤感。

无论遇到了什么，莫以苦示人是我的人生信条。

14.钦州妹妹的手工茶器

中国四大名陶之一的坭兴陶，产于广西钦州。

钦江，自古产陶土，但东西两岸陶土却有很大差异。

制作坭兴陶，东岸陶土直接封存，西岸陶土需经半年日晒雨淋，彻底风化。将两岸陶土按 4∶6 比例合成泥料，东岸陶土柔软，为肉；西岸陶土坚硬，为骨，骨肉相融而成独具魅力的坭兴陶。

我觉得，东岸陶土如温婉、知性的女子，西岸陶土如冷峻、硬朗的汉子，二者眷恋、缠绵，给了坭兴陶鲜活的生命力。

坭兴陶最大的特点——窑变。不用任何釉彩，经高温烧制后，会无法人为干预地呈现出古铜、墨绿、紫红等古朴自然的陶彩，这是坭兴陶独具的传统魅力。

此外，坭兴陶格外地讲求造型、陶刻艺术，诗书画印又为坭兴陶平添了几分雅气。

爱茶当然爱茶器，在钦州要亲手体验一下土与火的魅力。

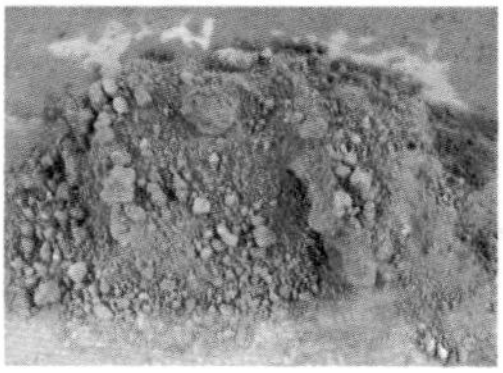

生命是由时间组成的，但挤出来的时间所组成的匆匆忙忙的生命，一定不会美。

美，首先是从容。

所谓从容，不是有大把的时间可以任意挥霍，而是能够在有限的可以支配的时间里从容地转换自己的角色。比如，此时此地就可以做一个专心致志的手工匠人。

自认还算得上一个大丈夫，却偏爱小时光里，自娱自乐的小快乐。把所有的关注都聚焦于手中的泥土，体会触摸泥土的感觉，百分之百依着自己的心意去塑造、雕琢。这身手合一、身心合一的滋味实在是一种莫大的享受，能让人回味好几天，徜徉好几天。

亲手制作的过程，也是渐渐融入情感与思想的过程；亲自动手，就是为自己选择的一种简单而纯美的生活方式。

感觉做一把茶壶似乎并不很难，亲身体验后才发现，远比想象难得多。我的“艺术品”实在有些不堪，原计划亲手打造的茶器也重新和成了泥。

但从容至少让我得到了优雅。

当下，有太多曾经熟悉的优雅，已经在浮躁、焦虑、揣度与功利中不知不觉消亡得无影无踪了。

不管茶宠抑或茶器，相信在多年之后的某一天，偶然再次发现它、触摸它，一定会格外地欣喜，曾经那些生活、心情、环境、情感，还有故事会一瞬间涌入脑海，如踩着云彩飘回到过去，再一次清晰地体会曾经，香浓地品味从容。

每个人形式上的生活差别并不大，甚至基本雷同，不同的是内心的丰富与从容程度。拥有丰富多彩与从容不迫的内心，才能帮助你摆脱与他人雷同的生活，让生命更有意义。

我们生命的终点，远没有我们自己感觉的那么遥遥无期，但终点前的日子，必须从容度过，不能匆忙，更不能无觉。

钦州这个滨海小城，有著名的三娘湾海滨浴场，但我觉得“小澎湖”钦州湾“七十二泾”，景致更加静美。尤其是这里的海滨最是奇妙，下午是一片黄褐色的滩涂，第二天清晨推开窗，眼前却变成了清澈宁静的海。

走了，带走了一把坭兴陶茶壶，因上面那首《神童诗》。

涨落几时休，从春复到秋。
烟波千万里，名利两悠悠。

后来，机缘巧合结识了坭兴陶大师晓惠，一见如故。

“和您聊天真的开心，虽然您的话不多，但能清晰感觉到您特别真诚且知识渊博。”

“渊博这个词现在都快成贬义词了，知者不博，博者不知。我的经历复杂，遇到的人和事也相对多一些而已，不是博学，是杂学。成于专而毁于杂，我应该已毁得差不多了。”

“以后能不能叫您‘哥’啊，第一次见面就觉得很亲。”

“好。”

她送我的两件特殊珍品。

后面那件，还有个很美的故事。

“当哥哥了，斗胆问妹妹要个东西。”

“好啊，我哥要什么都给，这辈子从来没有哥哥，信物？”

“我想要一把壶和一个茶杯，器型随你心意与品位。杯子做成厚胎，不然旅途容易压碎。我常年到处出差，随身都会带一套茶具，每晚会在酒店一个人泡茶。”

“以后，我喜欢的作品都会留一件给我哥。”

“不！我只要一把壶，一个杯子。我喜欢唯一。”

“嗯，我只给哥做唯一。”

……

“蜗牛在中国的寓意，坚持不懈、永不言弃。我觉得很合我哥的品。蜗牛的爬行速度很慢，人们一度认为蜗牛爬到一半就退缩了，其实不是这样，爬得虽然慢却一直坚持向前，这种精神可以鼓励前进道路上的我们。蜗牛背负着重壳前行，是个典型的乐观主义者，它带着房子旅行，因它相信任何地方都是阳光灿烂的家园。”

“你不会忘了我吧？”她突然问了这样一个问题。

“那就一年至少见一面，你定个日期，我们彼此守约。”

“你生日是哪一天？”

“11 月 5 日，你呢？”

“8 月 26 日。一年你的生日，下一年我的生日。无论间隔多远，我们每年一起过一次生日。”

“哥，这把壶钮的蜗牛模具只做了这一把壶，我已经把它销毁了。这把壶是世间唯一。”

15.罗城仫佬的民俗油茶

传统的、民族的文化与艺术，才是最具传承力、生命力，最具心灵震撼力的精神盛宴。

壮族的歌，侗族的楼，苗族的节，瑶族的舞，被称为广西“民族风情四绝”，我尤其喜爱侗族的“楼”与“桥”。

广西少数民族的“傩文化”也颇具神秘色彩。

傩，人避其难。傩，古代少数民族一种原始而神秘的驱鬼逐疫巫舞，古老的祭祀之礼。

傩的庄严仪式中，傩神通常带着狰狞、凶恶的木质面具，唱着旁人听不懂的傩歌，跳着原始而夸张的傩舞，既有阳间之阳刚，又有阴间之阴柔，驱散恶鬼，驱逐疫病，祈福安康。

傩，是一种古老的宗教巫术，也是原始时代少数民族重要的精神寄托。一个人生命旅程中必须要有精神寄托，或称之为信仰。信仰，就像一盏灯，能支撑你在黑暗中始终坚持自己的方向。并且在坚持的过程中带给你源源不断的力量，让你不惧黑暗，不惧孤独，笃定前行。

戴上面具，你便是拥有御鬼能力的神；摘下面具，又回归人间。这种傩的精神力量无比强大、无比神奇。这些具有浓郁的原始民俗文化特色的傩神面具看起来的确诡异，让孩子们都不敢直视。

不过也难怪，如不骇人，如何骇鬼？

广西少数民族的饰品，也颇值得玩味。

少数民族的饰品，除了装饰之外，最大的功能还是祈福。

中国传统少数民族的祈福饰物不仅造型与众不同，更具有独特的内在奥妙，其奥妙在于图腾。

图腾，曾是一种特殊标记，称之为族徽，用以区别本族群与其他族群的人们。后来，成了对大自然崇拜的体现。

佩戴图腾，就是佩戴自己的保护神。

壮族的图腾是蛙，应该是祈福风调雨顺。

每个人心中都向往美好，祈望远离灾祸，才有了傩、图腾这些原始祈福的形式，如同信仰，具有无穷无尽的力量。

一个人一生中最重要的护身符就是信仰。

人不能像风中之草，四处游荡，最终沦为游魂。总得立在一个地方，且立得住，也就是要让心扎下根。

这个根，就是信仰。

罗城，美丽的仫佬族自治县。当地人这样描述罗城，美得深邃，美得心醉，美得让人想谈恋爱。

罗城的仫佬族，有热烈的篝火，有热情的高山流水美酒。

让人不禁想起了一个哑然失笑的段子，55 个民族喝完酒都载歌载舞，只有汉族人喝完酒，就知道吹牛。

还有香醇的油茶。

罗城当地的仫佬族人习惯打油茶、喝油茶。

油茶的原料很复杂，主要有茶叶、花生、绿豆、酸辣椒、米粉、生姜、葱花等。

先用热油把米炒好，然后炸花生、炒绿豆、煮米粉。热锅炒茶，加入生姜、炒好的绿豆，用木槌捣烂。然后，放入猪油，加水熬煮。

将炒米、花生、葱花、米粉、酸辣椒等盛入小碗，把熬煮好的茶汤过滤后倒入小碗，油茶就做好了。

仫佬族人的油茶可以一碗接一碗地添，不停地喝，一般都会喝上三五碗，但不管你喝多少碗，都不会有人笑话你。

客人喝得越多主人越高兴，他认为他的油茶香醇，你才会喜欢，这是让他最开心的赞美。

对了，清代，罗城还有一个大名鼎鼎的知县于成龙。

千里迢迢来到这山区小城的“天下第一廉吏”，面对罗城如画山水，是否也会心醉？

16.桂林的思乡茶

桂林山水的美自不必多说，“桂林山水甲天下”嘛！

在广西生活了很久，桂林的米粉颇值得一提。

相传，米粉是北方人发明的。北方人到了南方，怀念北方的面条，便把米磨成粉，制成了米粉，就是为寄托难舍的思乡之情。原来，米粉也是思乡之物，也成了乡愁的代名词。

沿袭至今，米粉已经演变成了广西人一天不吃就活不了的味蕾寄托。这话可是广西人自己说的！

柳州螺蛳粉，天下闻名，据说已经卖到了美国。

螺蛳粉的辨识度很高，一闻便知，因酸笋那股“臭臭”的味道实在浓烈，外地人有些无福消受。

卷粉，也是广西人几乎天天都会吃的日常小吃。

刚开始，我实在搞不明白广西“卷粉”与广东“肠粉”的区别。仔细观察，明白了。广西“卷粉”在于“卷”，蒸熟后卷入各种荤、素菜；广东“肠粉”则在于“蒸”，直接将各种食材放入，一次性蒸熟。

卷粉，嫩、软、鲜、香，对钟爱软糯食物的我还是很适合。

加了当地的牛巴、肉扒、波肉的宾阳酸粉，酸酸、辣辣、甜甜、爽爽，没有一点油，也很有特点。

钦州的叉烧粉一看便知，那是爱肉之人的心头爱。

当然，还有桂林米粉，这可是走遍天下之物！

桂林米粉，有人叫它烫粉。顾名思义，就是将粉在滚烫的汤锅里烫熟，再添加广西人喜欢的葱头、剁椒、酸豆角、酥肉、脆皮及各种佐料，添加什么完全依着自己的心意自由搭配。

广西人吃桂林米粉是有特殊讲究的，要先吃干粉，等吃到差不多时加入高汤，再吃汤粉。

“终于吃到家乡的米粉了。”旁边一位桂林人感慨着，我也不禁想起了“明月出天山，苍茫云海间”的家乡。

鸟飞返乡，兔走归窟，狐死首丘，寒将翔水，各哀其所生。

一般而言，一个人3岁至12岁是形成家乡意识的基本阶段，一旦形成，一生都很难消退。思乡便成了很多人的宿命。

只要一想到家，内心总会涌出一丝痛楚。家是我们生命的起点，无论何时，也无论身在何处，每个人似乎都走在回家的路上。他乡只是前进的方向，家乡才是最后的归宿。

已很多年，在全国多个城市工作，一会儿南，一会儿北，现如今又到了南宁。眼前这溽热南国与苍凉雁门关天各一方，让人想起了“无端更渡桑干水，却认并州是故乡”的诗句。

除了米粉，桂林当然有茶，桂林的茶有些特别。

桂林的“桂”字，源于桂树，源于桂花。

桂花没有牡丹的富丽华贵与国色天香，也没有玫瑰的艳丽色彩与婀娜多姿。惹人爱，只因它淡雅清幽的香气。更难得甜，尤其在初寒之秋，甜得那样温暖。那温甜让人更加想家。

桂花飘香，便是深秋之节，便是归乡之季。

桂林人喜欢将干桂花与茶掺在一起，直接冲泡。可依自己的茶性选择不同的茶类，如红茶、白茶、青茶等制作桂花茶。

泡桂花茶要注意花量，一杯只需三五朵，多则只香不馨；水温 80 摄氏度即可，让干桂花慢慢苏醒，沁出自然花香；还要注意不可焖杯、焖壶，一焖，便香气尽腐。

“桂花留晚色，帘影淡秋光。忽起故园想，泠然归梦长。”

这桂花茶的缘由，是否为了慰藉游子的思乡之心、之情？

漓江边铺上茶席，开始品桂花茶。

茶，可以带你进入一个专属自己的世界，而茶席的作用，不仅是为了喝茶的仪式感，更重要的是为你设置了一个品茶的专属区域，让你能平心静气地品读茶的滋味和茶的时光。

认真品茶，用心品茶，是一种生活的态度。认真去生活，用心去生活，去感受韵致、丰满的人生滋味。

桂花红茶，两甜相融，浓浓甜意，暖心暖情；

桂花绿茶，清透清明，丝丝甜意，清心馨情。

我是个飞虎迷，到桂林一定要去秧塘机场飞虎队旧址看看。

天马行空的队标，“飞越胜利的飞虎”“亚当与夏娃”“熊猫”“地狱天使”，诠释着他们的桀骜不驯。

这座小山，或许就是多诺万告诉母亲“战争是人类可怕的愚蠢行为，发动战争的人应该受到严厉的惩罚”的地方。

17.巴马安静的茶

曾意外在柳州工作半年，后调至天津，谁能想到五个月后，阴差阳错又回到了南宁工作。我和广西实在有缘。

在柳州工作时，途经南宁短暂中转过，没什么特别的印象，这次长期停留才知道，南宁最大的特点就是——静。

邕江，格外的安静。

不止南湖、青秀山，南宁的每个角落都是那么的安静。

都说广西的山水最安静，不知“最”字是否恰当，清清碧水，悠悠群山，让我明白了：世界是嘈杂的，广西是安静的。

我的心，也随之安静了。

河池，更是静得出奇。

到河池，无论乘火车还是汽车，一路都是不高不低、姿态曼妙、郁郁葱葱、云雾缭绕的连绵群山。无论放眼何处，都会让你如行画中。每次来河池感觉不到丝毫的辛苦与无趣。

金城江火车站，是我遇见过最安静的火车站。无论何时，站前小广场只有三三两两、散漫的人们，格外清静。

河池，世界长寿之乡，被誉为“上帝遗落人间的一片净土”，其中，最著名的是巴马。

巴马有条生命之河。据说，河里的水非常神奇，喝了可以延年益寿，这是巴马成为长寿之乡的奥妙。

我却觉得，巴马长寿的秘密不是水，而是静。

巴马，山是静的，水是静的，天空也是静的，空蒙山色中就连平日里叽叽喳喳的小鸟们也静了下来，悠然自得地在田间觅食。

于是，你的心也静了下来。

心静之后你会发现，巴马天地间就是一个童话，而你就是童话中的一分子，你的同伴是青山、河流、绿草、蝴蝶、小鸟……你们互相亲昵、依偎。

此时此刻，你能真正体会到自然的美妙。

此时，你只想做一个孩子，不用他人赞赏，但也不要随意评价，甚至不需要关注，不需要被发现，能安静地停留在自己喜欢的城堡里，专注做一件自己喜欢的事，不被打扰，就好。

我从不惧怕任何人对我不谙世事的嘲讽或讥笑，这份他人眼中的幼稚或者固执，恰好是我给自己的奖励，且认为，这样的我是因为从未放弃对美好的向往，故，美好也未放弃我。

我会小心翼翼、始终如一地守护好那个孩子般的自己。

到巴马，要用巴马的水泡一杯巴马的火麻茶。

火麻，产于巴马的一种草本植物。

火麻茶，是用晒干后的火麻仁研磨成粉，并配以其他原生态植物加工而成的养生茶。火麻茶性平、味甘，入脾胃及肠道，有很好的清肝养目，降脂降压的效果。

对火麻茶的养生功效，我并不想了解得多么透彻，但的确品得出泥土的芬芳，春天的气息，巴马朗然的山风的味道。

此时，眼前的巴马，就是一个安静的世界；眼前的一杯茶，也是一个丰富而宁静的乾坤天地。你只要凝视着面前的那杯茶，你的心，就好静、好静。

一个人安静得越久，就越无法接受一群人的喧闹。

一片刺耳的喧闹声打破了宁静。

一大群和我一样的外地人吵吵嚷嚷涌到了河边。他们亢奋地挥舞着硕大的塑料桶、水壶等，冲进河里，旁若无人地灌水，不时嬉戏打闹，甚至肆无忌惮地洗脚……争先恐后抢着，甚至有几个人不知为了什么，几乎打了起来。

对于没有感受过的美好，作为我们这样的外人，不仅应该充满好奇地去虔诚体验，更应该发自内心去尊重，那些历经了世世代代留下的美好才可能传承下去。大自然给予我们的美好无私而慷慨，我们这些凡夫俗子领受的也该敬畏而庄重，应该自觉遵守与自然彼此关爱、互不伤害、打扰的契约，和谐共生。

“惟江上之清风，与山间之明月，耳得之而为声，目遇之而成色，取之无禁，用之不竭，是造物者之无尽藏也，而吾与子之共适。”巴马的静就停在那儿，却无人去争，无人去抢。

人的品性之中最重要的一道坎是羞耻感。一旦越过了，就进入了另一个世界，回不来了。可是，竟有人称之为“格局”，太可怕了！太可悲了！荀子的“君子耻不修，不耻见污”估计早被这些人抛在了九霄云外。

实在想上前理论几句，想想还是算了。

“常自见己过，不见世间过。”

时刻提醒自己：无论何时何事，莫起嗔念，莫入三毒。

“佛法在世间，不离世间觉。”何况，“刑不上大夫，礼不下庶人”，规矩应对懂规矩、守规矩的人讲。面对世俗味太重的人，如不能用世俗的方式相处，不如避开为妙。

原本还打算再去接一小壶河水，烧开之后再泡一壶火麻茶，看着眼前一幕，决定作罢。“圣人之道，为而不争”，安静地做一个悠然自得，自享其乐的人，岂不更好！

该离开了。

好想把巴马的静一起带走，让这静，能长久地陪伴着我。

想想还是算了。人，连自己的命都带不走，最终都要交还天地，何况其他？

你的生命也只能属于你一阵子，世间一切的美也只能属于你片刻，做人千万莫贪心。贪念若生，所有的美好便会顷刻间消逝得无影无踪，还是心无旁骛地享有当下吧。

当下，才是三世之根。

莫怕失去，失去有时也是一种得到。

失去了岁月，我们得到了成长；失去了黑暗，我们得到了清晨；如果所有的得到都以失去为代价，那么失去应该就没有什么可怕了。

当我们失去什么的时候，意味着我们正在得到什么，而且，得到的应该比失去的更多。

18.桂平西山的佛茶

桂平西山，佛教闻名的佛山。

龙华寺，又名上寺，始建于宋朝，已历经四十多代传僧，至今香火仍旺。山门前鸽子悠然自得，丝毫不怕人，西山还是颇有几分佛性。

大雨忽至，但已入佛门，岂能轻易回头。

阿难尊者《七佛通戒偈》曰：“诸恶莫做，众善奉行。自净其意，是诸佛教。”怀一颗笃定的心，笃定前行。

西山之路艰辛，
沿途摩崖石刻，
值得玩味。

不断告诉自己，脚步慢一些，再慢一些，莫错过任何美好。

香樟、龙鳞松、马尾松，古树参天，遮天蔽日，大雨竟淋不到身上。

西山佛茶，棋盘茶，是我来桂平的目的。

西山早在唐朝就开始种植茶树，出产名茶。棋盘茶，也称乳春茶，西山僧人以传统方式炒制而成，干茶碧绿、条索纤细、清香爽朗、回味甘醇。听说此茶在1982年全国名茶评比中击败龙井，也是广西最自豪的名茶。

雨越下越大。“之人也，物莫之伤”，索性停下喝茶听雨，慢慢嗅那雨中泥土特有的带着草木味的芬芳。

天地与我并生，
万物与我为一。

西山还有泡茶甘泉，乳泉。《浔州府志》记载：“此泉清冽如杭州之虎跑，而甘美过之，时有汁喷出，白如乳，故名乳泉。”

陆羽《茶经》关于泡茶之水，如此记载：“其水，用山水上，江水中，井水下。其山水，拣乳泉、石池慢流者上。其瀑涌湍漱，勿食之。”

泉边备有木瓢。以清澈尤其凛冽的乳泉之水，以虔诚之心，在这佛山净地泡一壶佛家棋盘茶，才是名副其实的乳春茶。

晚上，桂平的朋友约着一起吃广西特色，欣然前往。

无论到哪里，只要有可能，我都会去尝一尝当地的小吃。不管是否合乎口味，就是为了体验。

到了地方，是一家人气特别旺的大排档。

有些油腻的桌上已经摆了一大盆热气腾腾的肉。

“今天吃什么新鲜东西？”我好奇地问了问。

“你先别着急问，尝一口再告诉你。绝对有广西特色！”大大咧咧的广西朋友小刚露出了狡黠的神情。

“这么神秘？”夹起了一块，尝了尝，有些像牛肉，但比牛肉稍嫩些，味道也不像鸡肉。“我实在尝不出。”一边回答，一边看着所有的人都津津有味地大快朵颐。

“狗肉。”

他话音未落，我已经惊了。我忌口的东西不多，但狗肉是绝对不吃的。胃里顿时一阵翻江倒海。

赶紧找了个借口，快步出了房间。站在后院里狠狠地抽了两支烟，又吹了好一会儿风，也没有压住难受的胃。

后院有几个不太大的铁笼子，笼子里拥挤地关满了小狗，奇怪的是，它们都一动不动，就那样静静地趴着。

一个客人正在笼子前挑选着小狗，旁边是一个系着围裙的阿姐，手里拿着个铁夹子。客人用手比画着，应该是挑选好了，那阿姐便打开笼子上端的盖子，把铁夹子伸进了笼子。

阿姐手脚利索地快速夹住了一只小狗的脖子，问那客人：“是这只波？”

“是的，阿姐。”

“得！”阿姐一把便用手中的夹子把那只小狗拎了出来，夹子紧紧锁住小狗的脖子，吊在半空中的小狗这时才凄惨叫了几声，声音却不大，好似已知道自己接下来不可能改变的命运，只是对着这个世界最后哀鸣一声，而已。

阿姐拿起旁边一把铁榔头对着小狗的脑袋重重一击，然后顺手扔在了一旁。这一切实在太快，我都没来得及反应，已经结束了。我赶紧扭过头，发现笼子里剩余的小狗全都一声不吭，只是流着泪，瑟瑟发抖地缩成了一团……

过了很久，等我回到桌前，发现刚才后院遇到的那个阿姐恰好就坐在我的邻桌，好像什么都没有发生，正和几个人大声“猜马”。一边肆无忌惮喊着，一边大口吃着。这一切对她而言，应该是再平常不过了。

我逃离了饭店。坐上出租车，眼前还重演着刚才的一幕，尤其是那些颤抖着的小狗可怜的眼神，悲戚、绝望……

下了车，我快步奔到路边大口大口地吐着，好想把整个胃都取出来冲洗一番。

接下来的一个多星期，只要一看到肉，便会立刻呕吐不止，甚至一想到肉都会反胃。

听了我的故事，广西人大都不以为然，他们告诉我，距离桂平很近的玉林，每年都有狗肉节，到了那天大家都不亦乐乎。

听到这儿，瞬间，我已满目血腥。

19.苍梧遥远的六堡茶

“大丈夫当朝碧海而暮苍梧。”

徐霞客所说的苍梧与屈原所说的“朝发轫于苍梧兮，夕余至乎县圃”的苍梧，指的是湖南宁远的苍梧山。

而我，到了广西梧州的苍梧县，是为了六堡茶。

六堡镇有成片的茶园。

六堡茶，属黑茶类，因产于广西梧州六堡镇而得其名。

六堡茶必须经陈化工艺，且陈化时间通常需 180 天以上。

好的六堡茶条索粗壮，茶条完整，黑褐润泽，浓醇厚重，具有“红、浓、陈、醇”的特点。

六堡茶的香气非常丰富，有人说是沉香，有人说是药香，有人说是参香，有人说是烟香，最独特的是其含有一种槟榔的香味，且品质越高的六堡茶，槟榔之香越浓厚，且内敛。

这次到六堡镇真是开眼，原来只品过六堡的芽茶，这次来，各种六堡茶品了个遍。

大叶六堡尤其独特，
更适合熬煮后品饮。

苍梧寻茶，不仅要赏茶园，喝好茶，还要读好茶，读一读六堡茶遥远而厚重的历史渊源。

云南普洱，有茶马古道的悠悠历史；而广西六堡，有茶船古道的漫漫兴衰。

合口码头，见证着六堡茶远下南洋的遥远历史。

很多质朴的交流方式已渐渐远去，消逝在历史的尘烟中，比如写信、听广播。很多交通工具也是如此，比如马车、木船。

正因为如此，有着真性情的人们才对那些曾经的具有历史沧桑感的怀旧物件格外留恋。

那些古老而平凡的感受，才值得玩味，才是永远被镌刻在生命中的永恒。

遥远的六堡茶就是一种自然与文化的载体，是一千五百年前，历史留给我们的精神财富。在当今这个娱乐至上的所谓的文化环境之中，六堡茶依然闪耀着它古朴而悠然的光亮。

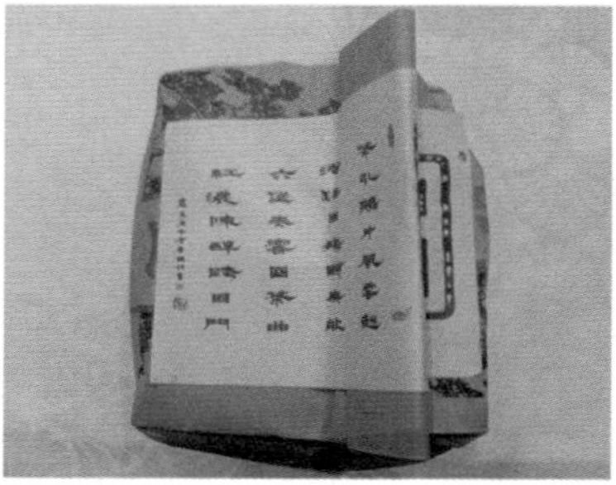

这就是被称为六堡茶“天花板”的 1010。

此茶产于 1991 的老梧州茶厂，陈化十二年，直至 2003 年才拆箩分装走向市场。

冲泡此茶，前五泡 10 秒出汤；六至八泡可延至 15 秒；九泡起需 20 秒以上。茶汤红亮如琥珀，兰香、槟榔香、陈香、木香，众香纷纭，这种深韵之香是需要一层一层来体悟的。茶气绵柔带刚，入口片刻汗水便涔涔渗出，畅快淋漓，顿感体内湿气尽数排出。实在不愧六堡至尊。

每到一个地方，接触最多的应该是出租车司机。

“我发现梧州人不说广西话，而说广东话。”

我有些好奇。

“你不懂，我们梧州讲的是白话。白话可是粤语的母语！”

“是不是梧州历史上长期属于广东管辖。”

“你这样说就更不对了，应该说历史上广东长期属于梧州管辖才对！你不知道了吧？曾经的两广总督府就在梧州，还有总兵府、总镇府，合称三总府。对了，大名鼎鼎的王阳明就在梧州担任过两广总督。”

看得出，我对梧州的认知让这个梧州人颇为不满。

我不敢再轻易开口了。

看出我的尴尬，这哥们儿有些不好意思，开始打起了圆场，“我给你推荐一个梧州的好去处。”

“好啊！”

“梧州有一条鸳鸯江。”

“鸳鸯？是不是有什么爱情典故？”

“有什么爱情的典故我不知道，我听老人们说，之所以叫鸳鸯江，是因为河水一半清澈，一半浑浊。”

20.丹洲书院深入生命根性的茶

柳州到融安的火车只有一个车次，下了火车再坐 20 公里汽车，然后，乘船登上丹洲岛，已是傍晚。

岛上很多明清古迹，码头、城楼、老街……恍如隔世。

第二天清晨，闻着鸡鸣犬吠之声，信步出了客栈。

旁边恰好是个古意满满的的清清书院，丹洲书院。

每个人心中都应有一个只能供奉，不能亵渎的精神图腾，书，是我心中的神灵。

中国古代绝大多数的书院，都位于名山大川，文化重镇，历史名城，文曲之邦，如应天府书院、岳麓书院、白鹿洞书院，嵩阳书院等。

眼前这座依然古旧风味的偏僻书院应该已沉寂了很多年，地板踩上去都嘎吱嘎吱地作响，凝满岁月的味道，好似已很久无人来过，就那样默默无语地等待着注定要相见的有缘人。

那个有缘人就是我。

置身这“日常篱落无人过，唯有蜻蜓蝴蝶飞”的古老书院，一壶茶，一本书，一个清晨，一片阳光，便是一段最美的时光，仿佛带着我去了不知道哪朝哪代，不由得心生一种古老的情感，浩然而清宁。

这种情感其实一直都在，只是不为人知地藏起来了，此时，被这躲在世界角落里的书院突然唤醒了。

沾了书香之气，书院里喝茶，格外馨香。

三江，也是个产茶区，有很多侗乡茶园。这些茶园都位于苍茫的深山中，所产之茶异常清醇。

三江有红茶、白茶、绿茶，我最喜欢这里的白茶，且白茶也是最适合书院里品的茶。

白茶，最具古风遗芳、最具真性情的茶，沿用原始、传统古法制作。鲜叶采摘后不揉捻，只杀青，经过自然萎凋或文火烘干即可，整个加工过程古朴、天然又不失植物活性。

“朴虽小，天下莫能臣。”“守之万物自宾。”

丹洲书院的清晨，三江白茶定是最佳之选。那质朴的香气，清寂的滋味，让人回归悠悠历史，隐于淡淡晨曦。

丹洲书院清晨之茶，原来是能深入滋养生命根性之茶。

丹洲，四面环水，岛两侧距离岸边不远，却无陆地相连，进出此岛只能搭乘渡船。

据说，政府曾计划修建一条通往岛上的公路，遭到了村民集体反对。村民们认为，公路一旦修成，丹洲岛将不再清宁，不再淳朴，从此，再无神仙般的清清丹洲。

最后，当地政府遵从了村民的意愿。

古镇，最重要的是"古"，古老、古朴，这是我体验过的最原始原貌的古镇。体会这世外桃源般简单纯粹的生活，遵从自己内心的感知，应是人生最美的体验。

三江，是个惬意的地方；丹洲，是惬意中的惬意。

不管相遇还是别离，都是美好。

每次相遇都有相遇的故事，每次别离都有别离的记忆。

21.防城港高贵的金花茶

高贵，不是说它的价格昂贵，是蕴含的高贵气质，如清冷仙女，虽与世无争，却掩不住清纯绝俗、风华绝代。

如金光灿灿小酒杯一般的金花茶，那清纯沁人的香气有着一份独特的贵气，逸而不飘，让人犹入仙境。

其实，一个人的高贵也不需任何人赞美、羡慕，只需要你自己知道，就恰到好处了。高贵，一点儿也不会寂寞，它藏在你的心里，让你的心充盈着满满当当的踏实与宁静，让你面对任何虚幻与浮华都能安然自若。

金色的山茶花产于广西十万大山，又称金花茶，这是一种古老的植物，堪称植物界的“活化石”。因其分布极少，非常罕见，也被誉为植物界的“大熊猫”。

金花茶富含茶多糖、茶多酚，具有明显的降血糖、降血压、降血脂的功效。

几个“小朋友”知我爱茶，陪我到了防城港。

人要经常走出门，贴近、融入广阔的自然天地，江河湖海、山脉原野……它们具有承载力，可承载你的压力；具有消化力，可消化你的淤积；具有洗涤力，可洗去你的尘埃；具有包容力，可敞开胸怀包容你。自然天地的力量无可替代。

金花茶以前我从未接触过，甚至闻所未闻，有着广寒宫般的清凛、清幽，的确特别。可与其他茶一起冲泡，我却单纯泡这仙气十足的金花，独品其高冷意境、隔世寒香。

谢谢你们，我可爱的“小朋友”们！

只有质朴无华的情感，才能让一个濒临绝境的人从精神的废墟中重新站起来。都说幸福是有层次的，这应该是值得铭记的幸福，深入心灵的幸福。

伤感与幸福交织在心里，但尽力忍着，没有流露丝毫。

告诉自己：微笑。

微笑是一种自我拯救，拯救生命的尊严。

防城港的海
如同金花茶
一样清寂。

呼吸随着海浪的涨落，保持一致的节奏，整个人逐渐进入平和、安宁、开放、柔软的状态，大自然是最好的疗愈师。

这应该是与我的“小朋友”们最后一次相聚，他们带着我出海捕鱼，这也是我到了广西后，念叨了很久的一个愿望。

我知道，他们不想给我留任何遗憾。

今天的风浪有些大，我们的小渔船很颠簸，好几次船头被高高抛上了浪头，又重重跌落，感觉好像就要被海浪掀翻了。虽然穿着救生衣，很少与海接触的我还是不免有些紧张。不过，船舷的两侧不断有受了惊吓的小鱼跃出海面，仿佛一伸手就能捉住，很有趣。

“小朋友们”倒是玩得很嗨！没有丝毫的担忧。

“该收网啦！”渔家在船头吆喝了一声，大家包括我开始兴奋起来。一网下去竟颗粒无收，唉……

余兴未了的“小朋友”们开始赶海，而我则在岸边静静地看着他们。我想，我的目光一定是充满慈爱的。

还是有收获的！别看这螃蟹这么小，当你轻轻触它一下，马上亮出自己的一对小钳子，奶凶奶凶的！好可爱！

别害怕，放你回家
找爸爸妈妈。

一个人若常常觉得自己不幸，会最终陷入绝望而无法自拔。避免或者说拯救的方法是，常常念着自己的幸福。

现在的我就处于千真万确的幸福之中。

举杯金花茶，此情此景想起日本中世纪诗人藤原定家的诗：

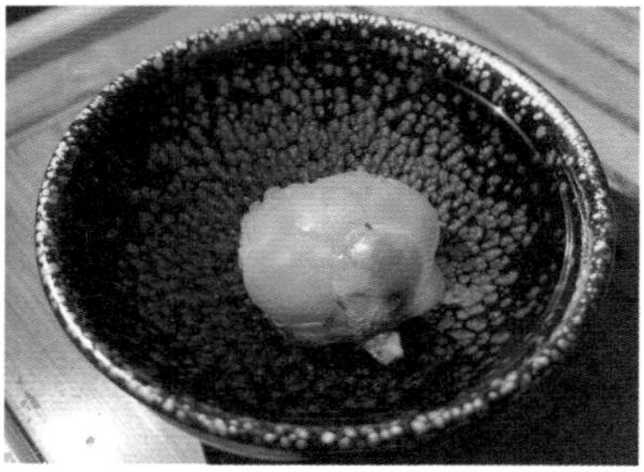

极目远眺处，
花落叶已无，
滨海小茅屋，
笼罩在秋暮。

“以后的我会怎样？”

这个每天都困扰我的问题，竟然一整天都没冒出来过。

我知道为什么。只有身处痛苦的人才会时常想起这个问题，每时每刻活在幸福中的人会忘记这个问题。

生死只是不同的状态，就像面前的大海，或波澜或平静，都是大海。如庄子所言：“死生无变于己。”

按照日本禅学的理念，生命，就是从不完美的现实中寻求完美。

我告诫自己：记住今天的幸福。今后的人生是上天赐予我额外的礼物，我要认真度过每一天，格外珍惜每一天。

顿时，心里涌出对生命的一片赤诚。

22.韶关丹霞山的白毛茶

韶关，粤北历史名城。

“韶”，很优美的字，最初是古代乐曲的通称；后用于形容美好，“东皇去后韶华尽”“暮春美景，风云韶丽”。

韶关有一幅大自然的杰作——丹霞山。

丹霞地貌，主要有两个特点：红石、陡崖。故，丹霞地貌都有着绝妙的景致，如贵州赤水、江西龙虎山、福建武夷山、甘肃张掖、湖南郴州等。

除了这鬼斧神工的红色山岩，还有很多奇石，尤其是那块阳元石。即使成熟男性也不好意思直视，女性看了更羞红了脸，故，这块巨大的奇石又被称作“羞羞石”。

偷看了一眼，
真的害羞。

早就听说，韶关有一种传统名茶，白毛茶。

近一看，我觉得就是白茶，白毫银针。不信，你看！

当地人完全否认了我的说法。他们说，这里白毛茶的制作工艺有摊放、杀青、揉捻、干燥等工序，应该属于绿茶。

芽头肥硕，周身披满白毫，是白毛茶最突出的特点，也是它“白毛”的由来。其中，丹霞银毫是珍品。

坐下来喝茶，聊天。老板娘是一个嫁到广东的湖南妹子。好巧，上次在衡阳茶叶店，老板娘是嫁到湖南的广东妹子。

老板娘一定要我尝尝今年刚采制的春茶。在我的认知中，白茶一定要喝老茶，“一年茶，三年药，七年宝”嘛。

“我们的白毛茶就是喝新茶，过了年的老茶要打折卖。”

仔细试了试，有一股明显的青草香气，果然与我以往体验不同。我又尝尝去年的陈茶，不管怎么喝，都觉得是白茶。

但也无妨，喝茶就是为了体验；喝遍天下之茶，就是为了体验天下不同的滋味。

醒过之后的湿茶，老茶与新茶的观感也完全不同。

“你怎么嫁得这么远，还嫁到了大山里。”

我对湖南妹子有种特殊的好感，对广东深山里的湖南妹子也有些好奇。

“在广州打工时认识的，原本不想嫁给他，尤其不想做这大山里的媳妇。没办法，那个死鬼太可怜了。我不嫁他，哪个肯嫁他！谁愿意嫁到这深山老林子！他不得打一辈子光棍！”

湖南妹子的辣与甜，让她连声带色表现得淋漓尽致。

“湖南女人要情，湖北女人要命！”

我口中调侃着，心里却重复着那句我最相信的情话：“爱，首先是疼惜。”

不仅做茶叶生意，这湖南妹子还做山货。

“靠山吃山靠水吃水嘛，我们湖南人永远都饿不死！”

或许因为性格热辣，她家山货的生意格外地红火。看着她，想起叔本华说过的一句话：“幸福是心灵的平静与满足。”

“湖南妹子真的霸得蛮，耐得烦！”

“你也懂湖南话？”

“我懂湖南妹子。”

韶关南，曹溪之畔南华寺，曾经的宝林寺。即六祖坛经中“时大师至宝林……为众开缘说法”之地。这里是六祖创立、弘扬南宗禅法的发源地，称为禅宗祖庭，也是六祖道场。

南华寺最殊胜的是供奉的三具肉体真身菩萨，左明代丹田和尚，右明代憨山和尚，中为六祖惠能。

寺内古木参天，宁静肃穆。

尤其这棵二百六十多年的菩提树，让人忆起六祖著名的偈诗“菩提本无树，明镜亦非台，本来无一物，何处惹尘埃”。

想起南能北秀，南顿北渐之争。

关于佛教中的“宗”，三迦叶改宗的故事早已明示真谛。

六祖也说过：法本一宗，人有南北；法即一种，见有迟疾；何名顿渐？法无顿渐，人有利钝，故名顿渐。

事理圆融的《六祖坛经》早已言明：“菩提自性，本来清净，但用此心，直了成佛。”

23.英德甜甜的茶

曾经看过贾平凹先生写的《游笔架山》，“早晨云就堆在庙门口，用脚踢不开，你一走开，它也顺着流走，往远处看，崇山峻岭全没了……”

广东清远也有一个笔架山。

费了很多心力才到了笔架山，山门却封了。为了国庆隆重开放，正大兴土木，轰轰隆隆的机械声淹没了我所有的想象。

唉！到清远，就是为了笔架山，为了笔架茶！

“自然景致就让它自然呈现，要那些人造小品有何意义！”

“就像保护环境，人类总说拯救地球。其实地球哪里需要人类来拯救！保护环境是为了拯救人类自己。”

看我从大老远跑来，好心的工作人员给了我一个安全帽，让我进了大门，就近遛了遛，也算意外收获。那位衣衫不整的工作人员虽其貌不扬，但成人之美者堪称君子。

总觉得有些遗憾。

提醒自己：得到需福报，放下需智慧。

放下，是对拥有的不贪留，更是对未有的不希求。

当地司机小哥向我推荐了清远的另一处所在——古龙峡。

山峦、溪流、绿树、云雾，古龙峡清爽悠远，未负“清波流远”之名。一路山行，却遇到很多人为修建的小景观，实在俗气，为了吸引游人的小摆设，多此一举，甚至有煞风景。

天上的云倒有趣得多。
闲云慵懒歇在半空中，
眯缝着眼睛，打着盹。

人生的乐趣俯拾皆是，只要你愿意“俯”，愿意“拾”。

古龙峡瀑布还是很壮观，但美中不足的是瀑布顶端的云天玻璃平台，据说是玻璃观光项目的世界霸主，就是为满足人的感官刺激，近视短利。

当下，应该越来越突出自然的体验与感受。

自然，也是一种文明，任何对文明的侵蚀所付出的代价，都是无法弥补的。当今世界最激烈、最本质的冲突，也是传统自然文明与现代野蛮“文明”之间的碰撞。

走了一大圈，发现这古龙峡就是个以游艺为主题的所在。

玻璃平台、玻璃悬廊、玻璃栈道、玻璃吊桥、悬崖秋千、高空滑翔……就是个大型游乐场！还有个所谓的通天神掌。

整个古龙峡就是个网红打卡的地方。

讲一个佛法的筏喻小故事。

两个仆人打架，不小心打碎了主人的花盆，花盆里种的是主人最喜欢的牡丹。他们很害怕主人生气。没想到，主人竟然笑笑说：“我种牡丹是为了得到快乐，而不是为了生气呀！”

我也开心点儿吧。如果有幸再来，一定带着八岁的儿子，这里应该是他的天堂。

这次寻茶不尽兴，又来到了清远下辖的英德市。

横石塘镇积庆里红茶谷，
隐于幽深的山谷之中。

看过一段余秋雨关于城市“邪恶”的描写：“城市的邪恶是一种经过集中、加温、发酵，然后又进行了一番装扮的邪恶。因而，常常比山野乡村的邪恶更让人反胃。”

用词太狠了！

似乎又点到了绝处。

关于城市的感受，沈从文也曾说过：“一到城市中来生活，弄得忧郁孤僻不像个正常‘人’的感情了。”

追本溯源，所有居住在城市里的人，原本都是客居之人，哪一个人的祖先不是从沃野千里中迁徙而来？远离了自然中的土地、作物，怎会有根，怎会有传承，怎会有家的源头？

我不是让大家都离开城市回归乡野，而是要常常主动接触自然，感受自然的本性所带来的家的容纳与抚慰。

英红九号，引自云南大叶种红茶，滋味虽不及滇红浓醇、厚重，但更飘逸、甘甜，是另一种红茶的甜甜茶韵。

白茶也很不错，同样淡甜回甘，更喜欢。

品茶一定要轻慢，因为每片茶都有它的个性与灵魂。

我对茶是有情感的，茶对我而言不是消费的商品，是我的无间挚友、灵魂伴侣。在对茶充分的信任与纯粹亲密的基础上，我会带着满满的情感与爱，轻慢地品，品读它的真味。

打开自我觉知才能体证到茶被唤醒的自然灵性；才能觉悟、证悟，人原本与茶一样，就是自然的一部分，我们从自然中来，就应该回归到自然中去。

这里景致幽美，还盛产温泉，虽不能登高玩月，这种温泉小院却可信步庭中望月，体味岁月静美。

“夫物芸芸，各复归其根。归根曰静，是谓复命。复命曰常，知常曰明，不知常，妄作，凶。知常容，容乃公，公乃全，全乃天，天乃道，道乃久，没身不殆。”

“复命”，回归本心，才是天道。

24.潮汕工夫茶

潮汕，指潮州、汕头、揭阳地区。

潮汕工夫茶，盛于宋代，有上千年的历史。被列入国家级非物质文化遗产，它是融合了精神、礼仪、民俗与技艺的中国传统茶艺、茶道。

所谓“工夫”，有三层意思，品质、造诣与闲适。

所谓“工夫茶”，是一种需要技巧、花费功夫、细致用心、极为讲究的泡茶、品茶工夫。

技进乎艺，艺进乎道。工夫茶的工夫之道就是“待君子，清身心”。

冲泡工夫茶，按照潮汕的规矩有21道工序：备器、生火、温壶、纳茶、点茶、请茶、闻香……的确煞费工夫。正如陆羽《茶经》所言：“茶有九难：一曰造，二曰别，三曰器，四曰火，五曰水，六曰炙，七曰末，八曰煮，九曰饮。”

还未到潮州，普通的高速公路服务区，已透着浓浓茶味。

难怪有人说，潮汕不像广东，更像福建。

三年前曾来过潮州，走过牌坊街，品过单枞茶，今日再来，依然如故。但这次来也有新的收获。

这把柴烧窑变的碳加热陶壶，让我第一眼就挪不动脚了，没办法，就是痴迷茶器。

我竟如此孤陋寡闻，原来还真不知道潮州也出茶器，当地泥料手拉的红泥陶壶让我爱不释手，尤其喜爱红泥的薄。

用这把柴烧陶壶烧水，红泥小壶泡潮汕工夫茶，绝配！

回到冰天雪地的家乡，闲来无事，也能感受“红泥小火炉，能饮一杯无”。

玉兰香、桂花香、蜜兰香、芝兰香、通天香、盖山香、姜花香、夜来香、茉莉香、鸭屎香……凤凰单枞，众香荟萃。

还是喜欢鸭屎香，
滋味纯正。
一冲为皮，二三冲肉，
四冲云极。

她应喜欢蜜兰香，香气不重，回甘香甜、绵柔。

潮州凤凰山的单枞茶，条索紧密、叶片厚实、百花之香、香气怡人，且非常耐泡，品质好的单枞可泡二十泡以上。

冲泡潮汕工夫茶，茶具也很讲究，通常用 120 毫升小品壶，最多可用于三人，所以，潮汕工夫茶的茶杯通常也配了三只，为潮汕独有。

凤凰单枞加工工艺相对复杂，要经历采摘、晾青、揉捻、摇青、炒青、初焙、捡剔、复焙等多个工序，同样费工夫。

这次潮汕公务的主要目的地——“水鸟之乡”汕尾。

公务完毕，恰好在湖仔尖。

同行的小陈应该是在给妻子或孩子打电话，我独自在海滩吹吹海风，随意走走。

25.云浮新兴的妙净之茶

从广西梧州到广东云浮，动车只需 33 分钟。比较麻烦的是从云浮东站到新兴县国恩寺，70 公里只能乘汽车，路况不好，沿途都是做石材的加工厂，需要走一个半小时。

云浮是六祖慧能故居，也是慧能弘法、示寂，记录坛经的圣地，国恩寺与广州光孝寺、曹溪南华寺并称六祖三大祖庭。

“敕赐国恩寺”，武则天手书。

报恩，报“父母、国土、众生、三宝”四重恩。

“行直门”，无念无相无住为本；自修自行自成佛道。

“担当门”，学佛岂敢忘忧国；习禅焉能不报恩。

六祖慧能，中国杰出的禅宗大师。倡导顿悟法门，“不立文字，教外莫传，直指人心，见性成佛。”与佛陀“拈花微笑”“以心传心”有异曲同工之妙。

六祖主张佛性人人皆有，“若识自性，一悟即至佛地”。使烦琐的佛教仪规简易化，也使由印度传入的佛教中国化。

六祖南宗禅，中国禅宗主流，如柳宗元所言：“凡言禅者，皆本曹溪。”

六祖有着极不平凡的经历。

“父又早亡，老母孤遗，移来南海，艰辛贫乏，于市卖柴”。

“一闻经语，心即开悟。”“乃蒙一客，取银十两与慧能，令充老母衣粮，教便往黄梅，参礼五祖。”

“惠能破柴踏碓，经八月余。”

“三更受法，人尽不知。”

“后至曹溪，又被恶人寻逐。乃于四会，避难猎人队中，凡经一十五载，时与猎人随宜说法。”“一日思惟：‘时当弘法，不可终遁’。遂出至广州法性寺。”

“不是风动，不是幡动，仁者心动。”

“惠能遂于菩提树下，开东山法门。”

《六祖坛经》历史上唯一的中国本土佛教经书。

行由品，“何期自性，本自清净；何期自性，本不生灭；何期自性，本自具足；何期自性，本无动摇；何期自性，能生万法。”“无二之性，即是佛性。”

般若品，“一切般若智，皆从自性而生，不从外入”。

疑问品，“见性是功，平等是德。内心谦下是功，外行于礼是德；不离自性是功，应用无染是德”。

定慧品，“无念为宗，无相为体，无住为本”。

坐禅品，“外离相即禅，内不乱即定。外禅内定是为禅定”。

忏悔品，“凡夫愚迷，只知忏其前愆，不知悔其后过。以不悔故，前愆不灭，后过又生”。

机缘品，“口诵心行即是转经；口诵心不行即是被经转”。

顿渐品，“心地无非自性戒，心地无痴自性慧，心地无乱自性定，不增不减自金刚，身去身来本三昧”。

护法品，“实性者，处凡愚而不减，在贤圣而不增，住烦恼而不乱，居禅定而不寂”。

付嘱品，“自性若悟，众生是佛；自性若迷，佛是众生”。

读《坛经》读的不仅是文字、经律，更重要的是领悟中国佛学的思想内涵与人生智慧。

相互印证，交映成辉，六祖也帮助我们解悟了佛学智者，维摩诘的智慧，“解道者，行住坐卧无非是道；悟法者，纵横自在无非是法。”

茶与佛渊源很深，唐代起，法会、斋会即用茶供佛、供僧。

“名僧大德，幽隐禅林，饮之语话，能去昏沉，供养弥勒，奉献观音，千劫万劫，诸佛相钦。”

新兴东南山区茶叶产地——象窝茶场。
峰峦叠嶂、云雾缭绕。高山之茶，自古就叫象窝茶。

六祖故里，禅茶三味，袈裟红、明镜白、菩提绿。

虽说红茶更加知名，但我格外喜欢绿茶，香气清亮高扬，口感清纯鲜爽，唇齿生津，有种独特的栗香，颇合禅意。

品茶，是不能说话的，尤其是佛茶；品茶就是品茶的滋味，禅的滋味。茶，实在是修佛悟道的方便法门。

很早醒来，先泡一壶佛茶，神清气定，仿佛与六祖对坐，同饮一壶茶，听道诵经。原来，云浮新兴的佛茶是妙净之茶。

随类各应曰妙，不着于相曰净。

妙者不可思议，净者无所染着。

窗前站了很久，看着这个世界由一片漆黑到一点一点东方泛出黎明的晨光。

我听到了第一声庄严的晨钟，能清晰地感受到这跨越千年钟声的感召力。

那声音传得很高、很远，穿透了云层，直上云霄。

接着，钟声就像海浪般，一浪一浪，平缓而安稳地一路向远方走去……那声音让人的心回归心田，安然、安宁。

太阳缓缓升起，普照大地，一种神圣之感从心底升起……

我知道，你在那里，我感觉得到，你在那里。

菩提萨埵，唤醒人们慈悲与解脱智慧的开悟之佛。

“波波度一生，到头还自懊。欲得见真道，行正即是道。”

人，唯有怀持着正念认真地活在当下，才能治愈留在我们心里的伤痛，治愈我们的过去。

26.福州的茉莉花茶

说到福州的历史，必然提到鸦片战争。

鸦片战争后，福州成为五口通商口岸之一，鼓岭，是这段历史残留的见证。

鼓岭，最早由西方传教士开辟，作为避暑胜地。

1898 年外国侨民民间组织社交场所，万国公益社；1902 年创建的老邮局；那演绎了鼓岭爱情故事的西洋网球场……

不管屈辱还是沧桑都是真实、真切的历史。

老邮局旁老井的井水依然明明亮亮，印着蓝蓝的天与白白的云，凝视井中倒映的微微波动的树影，没有“凡有井水处，皆能歌柳词”之味，好像听到了有些凝重的光阴的故事……

福州的中国传统历史文化同样鲜明。

三坊七巷，福州的历史之源、文化之根，称为“中国城市里坊制度的活化石”“中国明清建筑的博物馆”。自唐代起便是贵族、士大夫聚集之地，清代、民国达到了辉煌顶峰。林则徐、沈葆桢、严复、林觉民、冰心等皆曾居住于此。

衣锦坊、文儒坊、光禄坊，杨桥巷、郎官巷、塔巷、黄巷、安民巷、宫巷、吉庇巷、南后巷，这样的历史文化古街，需在人流散去、月上梢头的夜里去品，能品到更多的沉淀与风韵，才情与缱绻。

站在院里，你可以敞开胸怀，与历史对话，与建筑对话，与风月对话，与自己的心对话。

天明，又是推窗远眺，廊阁吟读绝佳之所。

推开房门的一刹那，心里的那道门也被猝不及防的一幕，猝不及防的感念，打开了。

眼前这道光能照亮人生。

“当我失望、失落时，甚至摸摸书都能得到慰藉；睡觉时，枕边放一本书都会让我踏实、心安。你懂的，喜爱读书的人，眼里只有书，书之外的世界，是混沌而虚无的世界。”

林觉民故居是一定要去的。

“吾作此书时，尚为世中一人；汝看此书时，吾已成为阳间一鬼……吾平日不信有鬼，今则又望其真有……则吾之死，吾灵尚依依旁汝也……”

这是世间最催人泪下的情书，是一个对爱无比眷恋的男人在即将离开这个世界时，与挚爱女人的深情诀别。

院中白墙上的诗句依然动人、动情、动心、动容。

“窗外疏梅筛月影，模糊掩映，吾与汝并将连诀，低低切切，何事不语，何情不诉？”

爱，只有在失去的时候才会发现，最痛苦的不是不能拥有，而是不舍放手。得不到，远远没有舍不得那般让人痛彻心扉，痛不欲生。林觉民与陈意映的至情至爱，岁月凝香。

这里还是冰心、林徽因的故居，实在是才子佳人的故里。

福州，还有传统名茶，茉莉花茶。据考证，福州茉莉花茶已有一千年的历史，中国茉莉花茶的发源地就是福州。

茶为骨，花为魂。福州茉莉花茶的冰糖甜举世无双。

福州的茉莉花茶最大的特点就是香。

“窨得茉莉无上味，列作人间第一香。”

花茶，是利用鲜花吐香，茶叶吸香，一吐一吸，浑然天成。在吸吐的过程中，通过窨制而成花茶。最后，鲜花则弃之不用。如果混合有花的茶，应该称之为花草茶，如玫瑰普洱。

在古老的福州品古老的茉莉花茶，也是与历史独特的对话。这杯茶，似乎就是历史与今天的交汇点。

尽管我的茶性对茉莉花茶不十分适应，还是选了一款绿茶窨制的茉莉龙珠。没想到此茶异常清香、清凉，尤其适合大暑的福州，开窍、通气，喝了几天竟有些迷上了此茶。

要离开福州了，说说“福”字。

“福”大家习惯称之为“福气”“运气”，其实，所谓的“福”是“福祉”“福报”。

“福”，不是无因之果，不是凭空而来；因果不虚，以后这个“福”还有没有，还有多少会降临于你，谁都不知道。故，千万不要以为“福”会源源不断，取之不尽用之不竭，而肆意无度、挥霍消耗。

不仅要珍惜“福”，更重要的是要诚心诚意地积累“福”，或许，今生才会有“报”。

西方国家餐前祈祷，感恩上帝赐予每天所需的面包。我们在饮茶前同样应该祈福、感恩。敬茶，惜茶，以茶修性，以茶养德，茶便能赐予我们自然而悠长的福报。

来了福州，莫辜负了这个“福”字。

27.南靖云水谣超然的茶

我的嗜好不多，仅书与茶两样。

人生短暂，或许也只允许我们专注于一两件事。

其实，世界上绝大多数的事都与你我这种凡人无关，只是有些凡人实在太喜欢掺合，结果却往往让自己不开心。

因嗜好，所到之处皆是产茶之地，不仅为茶，也为体验，体验与茶有关的人与事；体验陌生的人不同的生活与生命。

云水谣，得名于一部同名电影。一个望穿秋水、唯美浪漫的爱情故事，演绎着爱的执着与柔美。

人是离不开超然梦境的，不是逃避，不是麻醉，是向往，向往美好。人一旦没有了梦，生命便失去了很多美好，缺少了很多色彩。越是成熟之人，应当越是如此心意。

首先映入眼帘的是超然的楼——土楼。

如童话中神秘而奇特的古建筑，历经百年风雨沧桑之后，人们早已忘记了它最初抵御外寇抢掠的功能，只剩下了遥远而悠长的岁月年轮。它们静悄悄地伫立在群山脚下，溪水之畔，守心自暖，无欲无求。

超然的还有谣，云水谣。

要体味这大山深处古镇的“谣”，应当在蒙蒙细雨之中，恰好今天就是这烟雨朦胧的天色。石桥溪流、沧沧古榕、幽幽古道、漫漫茶园……宛如一首民谣在超然世外的水墨山水之间轻轻地吟唱。云水谣，一层一层展开了它的叙事。

关于民谣有一种说法，所谓民谣，就是爱情、理想与远方；而喜欢民谣的人都是因为无助、孤独与彷徨。“谣”与“遥”同音，我却认为民谣演绎的是深远与悠长，讲述的仿佛是那些口口相传的遥远的故事。

村头几棵日过云迁，却永远都那么适意的老树旁，被河水冲刷了不知多少年的一条光溜溜的鹅卵石铺成的小路，走起来虽有些硌脚，也同样诉说着超然世外的话语。

这条路不知伸向何方，让你想这样一直走下去，直到走不动了，便把自己留在那里。从此，自己也成了水墨丹青中的一抹颜色。
看不见的远方，总让人充满神奇而美好的想象，这种想象对情感丰富的人而言，尤其强烈。

最超然唯美的原来是夜。

象征吉祥、安宁的大红灯笼高高挂起，红彤彤，一片温馨。

云水谣的夜，还有一个超然的精灵——萤火虫。

雨停了，漫天的星斗好像比平日里大了很多，亮了很多，也低了很多，仿佛一伸手就能触得到。但你又不忍伸手，唯恐一时造次惊扰了天上人间的清宁，只敢静悄悄停在原地，一动不动。闭上眼睛，感觉那些美丽精灵，在你周围开始蹁跹起舞，长长的裙带飘荡时带来的微风划过你的脸颊，一阵淡淡馨香，让你恍惚，让你迷醉，让你不舍睁开双眼……

不知何时，木屋缝隙偷偷钻进了一丝阳光，唤醒了沉睡中的我。天亮了。

对了，唤醒我的，还有窗外叽叽喳喳的小鸟。

推开木屋的门，迎面而来的是有些潮湿的山风。

走出木屋，清晨的草叶上沾着很多露珠，草叶随风摇曳，露珠随之不停地抖动身躯，晶莹而灵动，让这寂静的世界更加通透而清澈。

只是昨晚的精灵在天亮之前都已悄然离开了。

“蒹葭苍苍，白露为霜。所谓伊人，在水一方。”

伊人自古就是与露水相依相伴的。

“至秋三月，青女乃出。”

莫非又是青女？

那一层薄薄的白霜就是最好的证明。

我确定，她们真的来过；我确定，她们刚离开不久。

南靖还有好茶，茶之宝库福建，最不缺的就是好茶。

情人山就是一座茶山。

情人山的茶必定是超然于世，充满绵绵的情意。

这里主产红茶，土楼红美人。

我却偏爱南靖丹桂。

既有大红袍绝顶之巅独臂大侠的冷傲，也有肉桂那馥郁而高扬的浓厚。

现在的人似乎越来越世故，越来越现实，但世故与现实的世界更需一份澄怀之情，一颗超然之心。

茶本超然之物，超然之所品茶，实乃无以言表的超然之举。

就让我从此“堕落”在这土楼古老的茶香之中，独享优雅的岁月风情吧！

28.福鼎海上仙山的仙茶

刚下高铁，站台上就已感受到福鼎浓郁的茶味。

出了高铁站去太姥山的路上，漫山遍野全是茶园。

出租车师傅自豪地告诉我："福鼎这样的茶山到处都是，有很多茶山甚至连一棵树都没有，全是茶！没见过吧？"

见倒是见过，却没有反驳他。我就是喜欢茶山，喜欢茶园，一见到茶树，便会不由自主涌出一份喜悦。

这太姥山，相传是其仁如天，其知如神，就之如日，望之如云的尧帝，其母升仙之地，故得太姥之名。

三面环海的太姥山被称为海上仙都，就是透着股仙气。

观需静观，万物静观皆自得。

嗅着静谧的气息，登高静观远眺，山海之间仿佛是神仙的居所；群山峻岭，仿佛一群群神仙在悠然自得地闲聊着什么，让所有的人都不禁嘘声，生怕扰了神仙们的清宁。

山路曲径通幽，一路登山还是有些辛苦。

四下里满满的茶园与漫漫的茶香让辛苦变得了心甜。

登顶并不是我的主要目标。获得真实觉知才是我真正的心意。

这次到太姥山，是寻一种从未品过的珍茶——莲心。

莲心茶，也是我无意间道听途说而知。

据说此茶是以产于太姥山大白茶与茉莉花窨制而成的一种花茶，有茉莉峨眉、茉莉秀眉。此莲心干茶绿中带黄色蕊芯，如莲子之心，香气有绿豆的清新，又有茉莉的清香。

朋友老吴处品过的浙江莲心，口感极清雅。

对我而言，最重要的就是这个“莲”字。

“予独爱莲之出淤泥而不染，濯清涟而不妖，中通外直，不蔓不枝，香远益清，亭亭净植。可远观而不可亵玩焉。”

爱莲，便是爱君子之气，君子之品。

未踏破铁鞋，但寻遍整个太姥山，那莲心茶还是没找到，有些遗憾。不过很快释然了，世间之美大多可遇而不可求。

虽未寻得莲心，但太姥山也是白茶的圣地。

清代周亮工《闽小记》记：“白毫银针，产太姥山鸿雪洞，其性寒凉，功同犀角，是治麻疹之圣药。”

白茶，是我最钟爱的茶，无论银针、牡丹还是寿眉，皆为我心爱之物。因这白茶沿用原始、传统的古法制作而成，使人深感犹存的那份“古风”。

品着带着仙气的白茶，就像面对一位渊博的学者，虽少言寡语，不屑与人争辩，还有点清高傲骨，疏狂洒脱，却绝非是目中无人。那份清透、真实、简单、自在，总是在不经意间便自然而然泻了出来。好一个海上仙山的仙茶！

身在这海上仙山，我却只羡鸳鸯不羡仙。

太姥山最让人心动、感动的是这对夫妻石，这是一对能让所有人邪念、迷障顿失的石头；看着看着就会让人不由得眼眶湿热的石头。

眼前的这一片光影，是曝光在生命底片上的印记。

虽已不再年轻，依然应该有属于自己的爱的童话。

夫妻石之名，由当地人所起，也被誉为太姥山神石。

做神仙有什么好？虽说“一切皆由心幻化”，但看那相依相偎千万年的两个“人”，在众仙面前湛然诠释着什么是相呴以湿，相濡以沫，无论世间怎样的风云变幻都视若不见，心中只有“伴”，我想四下里那一群神仙也会为之侧目、动容。

人世间有太多的无可奈何花落去，即使似曾相识燕归来，也比不上这天长地久的朝夕陪伴。

最深情、最长情的爱就是陪伴。

只想就这样与心爱之人相依相伴一生一世，生生世世。

这次福鼎之行，完成的不仅是一次寻茶之旅，更是对爱的一次顶礼朝圣。

之后，每每想起这对石头，想起“他们”，总想写点什么，可每次都无法准确地写出心中所感，不得不放下了……

原来，那种感受是写不出来的。

原来，越靠近心灵的东西，越无法用语言或文字表达。

29.霞浦滩涂边爱自己的茶

滩涂最让人心动的是色彩。

好似谁不小心打翻了水彩颜料，五颜六色便泼洒在了天地之间。这色彩深沉而厚重，没有丝毫轻佻的艳丽与浮夸，任何现实中的颜料都无法真实还原。

我不是专业的摄影师，也未刻意选择最恰当的时机。对我这已不能身轻如燕，但身随心走、心轻如叶的侠客而言，霞浦滩涂醉心的色彩就是用眼睛去感受，用心灵去体会。

随心随性，随走随停地感受美丽，体会感动，就是爱自己最好的方式。不过，当下似乎已“江湖侠骨恐无多”了。

“色不异空，空不异色。色即是空，空即是色。”

有人对此持万物断灭，恣意妄为的邪执。西方哲学里这种邪执被称为“兽欲主义”。

空为本性，色为显现。莫灭凡情，唯教息意。

每个人的生命都应该有自己的色彩，不必一定要光彩照人、鲜艳夺目，但要有自己的主调与层次。

你的色彩，可以是创伤后疤痕的黑褐，可以是风雨后彩虹的绚烂，可以是沉吟后背影的青灰，可以是长啸后天籁的绯红。

滩涂岸边，忙碌而沉稳的身影，也是一种别样色彩。

滩涂独有的气息中，与这边痴迷地享受着梦幻色彩的外来之人形成鲜明对比的，是那边当地渔民质朴而默默地劳作。

看得出，这里的人们就是靠着大海，日出而作，日落而息。如庄子所言，逍遥于天地之间，而心意自得。他们的生活跟随自然的节奏，生命趋近自然与平衡。

这应是千百年来滩涂边渔民们爱自己的方式。

他们用日复一日的生活诠释着历史与现在；也诠释着今后数不清的日子；诠释着如何去爱，爱生活、爱生命、爱自己，爱那些值得爱的人。

想起了一句话："耐得清贫，方守得住心灵的高贵。"

安贫乐道，不是自嘲，不是阿 Q，不是吃不到葡萄的狐狸，而是安住自心，自由安宁。当然，他们也未必清贫。

当很多汲汲营营的人觉得，岁月像绞索把脖子越勒越紧的时候，他们应该觉得岁月像围巾，柔软而暖和。"识性无源，因于六种根尘妄出。"那些还处在痛苦、烦恼中的人们，看到这一幕应该有所感悟。

都说生活本身就是修行，但知易行难。不把所感所悟内化于心，外化于行，放下我执，怎得解脱？

佛家所说的"舍己"，是放下"我的"执念，解除执念对自己的束缚。没有一颗舍己的心，你的痛苦依然是你的痛苦，你的烦恼依然是你的烦恼。

智慧始于执的淡化，痛苦止息就是快乐。

儒家也说过："足乎已无待于外之谓德。"

收获之余，老树下三五成群围坐品茶、聊天，又是另一番光景，这也是对生命满满的爱。其实，老祖宗留传下来的生活方式才是最幸福的。只不过，太多的人已彻底忘记了。

投潭殉义的清朝遗老梁济不也说过："若世风以步趋奢侈为光荣，则天理必定不存。"

叔本华说得更深刻："浮世欲望的满足正如抛给乞丐的施舍，维持他活到今天，却也延长了他的苦难到明日。"

霞浦临近产茶区福鼎。霞浦也产茶。

古老美丽的渔村大京，有成片的茶园，鲜叶翠绿、清新、醇香、柔嫩，尤其柔嫩，正是海滨茶与高山茶最鲜明的差别。

那柔嫩中品得出一丝淡淡的海风的味道。

这里的鲜叶基本上被制成了绿茶。

问当地人，此茶何名，当地人告诉我就叫翠芽。

霞浦翠芽不像霞浦滩涂那般色彩丰富，只有淡淡的青绿色，却淡得恰到好处，浓墨淡彩才相宜嘛。这茶是远离热恼，心得清凉的纯然之茶；是能够让你心生依赖之感的茶。

每个人都在孜孜不倦地寻找安放心灵的避难所，找来找去却找不到。其实，那个能够依赖的佛塔是自己的心。你只可以依附自己的那颗心，他才是你恒久不变的伴侣，你最后的归属，你的家。爱他，保护他，善待他，无论怎样，都不要去伤害他。

爱自己的心，是爱自己最好的方式。

关于爱，我的原则是：

选择适合的爱自己的方式，永远保持对自己的爱；

永远懂得去爱那些爱你的人，你就会永远拥有爱。

该走了，最后看了一眼这天地之间美轮美奂的色彩。

随着离开，好似有一个大大的帷幕慢慢合上，把绚丽色彩、村头老树、翠芽绿茶……都合在了里面，静静收藏起来。

不舍，但人生应只觉当下，既然分别无法改变，那就放下不舍，幸福地拥抱现在，让每时每刻都成为人生中最美的一时一刻，然后坦然离开。

其实，凡尘间的一切皆可放下，只要你真心愿意，而不是假装说服自己；只要你肯真心悟觉。何况，一个人越执着什么，就越容易失去什么。

当下的我们或许还无法彻底摆脱凡尘而活着，但也不必让灵魂彻底陷入俗世。当下，最不乏的就是努力的人。因为努力可以缓解比较中差距带来的焦虑。其实，此举如同饮鸩止渴。

放下，放下比较才是摆脱焦虑的治本之法。

年轻时与他人比较是人生的热情；成熟了与他人比较是对生活的愚钝；一辈子与他人比较就是对生命真谛的无知与无明。

当你真的放下的一刹那，你会感受到前所未有的轻松。

告诉自己，今生一定要好好爱这个世界，好好地爱自己。

告诉自己，世间只有一样东西可以将自己完完全全、毫无保留的交付于它，那就是自己的心。

我并非想通过我的所观所想来彰显自己的，或左右别人的价值观。写下这些，只是想记录自己尔时的所思所悟，为自己选择一条适合自己的人生之路，以告慰自己的生命。

30.福安坦洋正宗的工夫茶

从福州到福安，一路沿海岸线北上，160 公里，开车却需要两个半小时。一路全是大山，要钻很多长长的隧道，限速 80。

这是我走过的隧道最多、最长的高速。

东南沿海的福安，得名于曾联蒙灭金的宋理宗御批“敷锡五福，以安一县”之语。

这个县级小城四周被青山包围，恬静的富春溪穿城而过。正值初夏，夜里凉爽，小城惬意。

福安，烟火气浓郁，这种地方最有特色的是小吃。

海鲜就是白灼，原汁原味，要蘸着白醋吃。粉扣，福安人首推，也是当地名气最大的特色小吃。海鲜粉扣、牛肉粉扣、蔬菜粉扣，福安人最喜欢大肠粉扣，认为最地道、最正宗。

福安还有一款知名的茶——坦洋工夫。

酒店一层就有一个面积超大、装修精美的坦洋工夫体验店，看来此茶在福安有着不小的影响力。我只简单地转了转，品茶还是应该去茶的原产地，到大山里，到茶树下。

福安市区到白云山麓的坦洋村 30 公里，一路高山、江水、云雾、茶园，景致怡人。难怪那坦洋茶被称作“天地灵草”。

山峦环抱、深谷凝云、烟笼雾绕之中，便是那坦洋村了。

一进村，四下散布的茶园，缓缓而流的河水，曲折蜿蜒的山路，古朴俨然的民居、廊桥，默默昭示着古老的茶韵。

坦洋工夫，福建三大工夫红茶之一，也有人说是福建三大工夫红茶之首。

这款当地叫“金牡丹”的茶，很显然，因其外形像白牡丹，香气很浓郁，但我还是喜欢传统的坦洋工夫，乌黑润泽、匀称紧实、汤色金黄、桂香高爽、滋味绵厚、叶底红亮。

喝了几泡，总觉得不过瘾。

“您给我闷一壶吧，解解馋。”

“好！”六七十岁的老板很直爽。

“我觉得这坦洋工夫的口感与正山小种很像。”

“不对，正山小种虽然是红茶的鼻祖，但与我们坦洋工夫还是有所不同。正山小种是桂圆香，坦洋工夫是桂花香；正山小种的汤色艳丽，我们坦洋工夫的汤色红亮。”

仔细品了品，的确如此。

“我的茶纯手工制作，坦洋村之外的市场上根本买不到。极细极嫩，极甜极香，特别耐泡，七八泡一点儿没问题！现在外面卖的坦洋工夫都不正宗，因这里的茶树每棵味道都不一样，要传承坦洋工夫，必须依不同茶树的茶性采用不同的方法手工制作。我就是不喜欢现在的机器制茶，一点没有制茶人的味道，没有坦洋自然的味道，不仅不正宗，还败了老祖宗的名声。”

“那坦洋谁家的工夫茶最正宗？”

“当然是我喽！”

老板的自信很可爱。我懂，有一种人，一生就是想成为他自己所期待的那个人。

“心守一事，喜乐自知。”我赞了一句。

聊着聊着，不知不觉，茶冷了，老板打算把冷茶倒掉。

我随手斟了一杯，“别，这冷茶格外甜香，茶毫也更明显，别有一番滋味。”

31.大田温软的美人茶

三明，第一次听到这个地名，还是很多年前春节联欢晚会的相声中。

“陈佩斯举两灯泡，打一地名。”

“三明。”

自此，潜意识之中就将三明与滑稽、幽默挂上了钩。

到了才知，三明是个“林深、水美、茶香”之地。

刚下动车就看到了这座美丽的桥。

桥，尤为喜爱之物。

桥的美，是一种静态的美，像一位安然自若的闺阁佳人，只是那样静寂地坐着，一动也无须动，就是最美的姿态。任何一个动作，哪怕只是一颦一笑，都是对美的搅扰。

这次到三明，是为了大田的美人茶。

大田，古称“岩城”。四下里全是连绵不断的群山，故，此地被称“九山半水半分田”。我觉得这里实在不应该被叫作“大田”，应该叫“大山”才对。

从大田汽车站打了一辆车，还没上车，驾驶员就告诉我，必须加 20 块钱，因为山路实在难走。原本我还有些将信将疑，以为又是敲竹杠，但没走多久，彻底相信了。

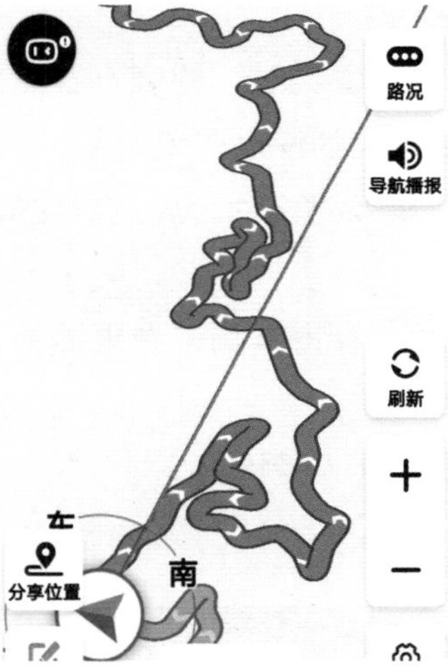

看着导航显示的线路，一路七拐八拐，实在晕！

走到半山腰全是迷雾，能见度不足 5 米，崎岖险峻的山路让我有些打退堂鼓。司机是个当地的小伙子，他告诉我，或许到了山顶就别有洞天。

他都不怕，我怕什么！

壮了壮胆，继续爬山。

20 公里山路爬了近一个小时，车到山顶，浓雾果然散了！

“眼底云烟过尽时，正我逍遥处。”

大仙峰的生态茶园与以往见过的茶园截然不同。

竹林、樱花树、茶树毫无规则地混杂在一起，杂乱无章；茶树之间也是杂草丛生，没有任何人为干预的迹象。与我以往去过的青翠秀丽，整齐统一的茶园景象大相径庭。

缭绕云雾并未完全散去，云深不知处间，茶山若隐若现。

茶树只管自顾自，恣意地生长着，好似从未走出过大山的村姑，颇有几分荒野之美。

那美人茶就藏在这云雾与杂草之间。

原来只知道台湾出产东方美人茶，曾尝过，的确有特点。后来才知三明大田戴云山西麓最高峰，大仙峰也产美人茶。

东方美人茶，因其鲜叶被小绿叶蝉咬过之后，经过氧化等特殊过程，形成了温软的果蜜甜香。

万物出乎震，震为雷。惊蛰刚过，春雷乍响，春雨沛沛，万物复苏，正是探寻这美人茶的好时节。

流连茶树鲜叶间可爱的小蝉，实在让人爱怜。

万物皆有灵！

这种茶最大的特点就是生态，否则也不可能引来小绿叶蝉的光临。这也是眼前这片茶园“杂乱”的缘由。

到了茶园，自然是喝茶。大田大仙峰的美人茶属乌龙茶，又称白毫乌龙，紧实、油润、花香、耐泡。尤其是耐泡，这是高山茶、生态茶最明显的特点。

美人茶发酵程度高，达60%以上，接近红茶，口感温甜。

除了果蜜口感，我更喜爱这东方美人的色泽。这茶名也是源于维多利亚女王对这东方之茶，神秘莫测汤色的赞赏。

艳丽的琥珀色中，可找得出红、黄、白、绿、褐等色彩，所以，又被称为五色茶。这是一种独特的色泽，既不同于红茶的高亮，也不同于青茶的清亮，而是一种温软的明艳。

东方美人茶韵温软，温软的色泽，温润的意境，故，这款特别的茶又被称为了最适合女性的“女人茶”。

但我这个西北汉子也喜欢！

就喜欢它的柔美，它的温软。

“佳茗似佳人”这句话用于东方美人再贴切不过了。

茶之美，也是一种东方之美。

亲手采下今年头道春茶。

采茶姑娘告诉我，采茶是一种善举，用心采摘，用心制作，用心向这个世界献上一杯最纯美的茶。

“一枝一叶总关情。”

鸟儿一片叫早声中，太阳迈过山巅缓缓升起。

天地通泰，万物静默，世间祥和，整个世界浸润在了一片温软的气息之中。

一时间，自己似乎与这广天阔地连通了血脉。

眼前的茶山与美人茶一样柔美、温软。

我不想惊扰任何人，也不想被任何人惊扰。

生活需要留白，这留白就是洒脱、意境、风月与情怀。

这留白或许就是生命的灵与趣，气与韵。

城市越来越稠密的建筑让这个世界越来越小，想感受大大的世界，还是要到大大的自然空间里。在大自然中，可以清晰地感知另一个世界的召唤，那个世界更加空灵、更加澄静。

前行，不是人生的起点，而是整个人生。

“路漫漫其修远兮，吾将上下而求索。”

32.莆田南少林的禅茶

南少林，位于莆田九莲山林山村。
九山环寺若九莲绽放。

唐贞观年间，嵩山少林寺昙宗大和尚命十三棍僧中的道广、僧满、僧丰率五百僧兵入闽平定海盗之乱。唐太宗李世民因其平乱有功，恩准在福建择地建少林寺。道广选了酷似嵩山九顶莲花的“林泉院”，创建南少林，传播禅武文化。

一千多年间，“梵音禅乐弘传广宇，武僧忠武啸震山林”。南少林成为我国东南沿海禅武文化的重要中心，被誉为“滨海禅武丛林”“南拳祖庭”。

儒家修礼，道家修气，佛家修禅，皆在一个“修”字。

“禅”，南少林修行的核心要义。

“禅药”“禅药养心，中药养生。”南少林是一个天然的中草药宝库，据文字考证，自北宋以来便有禅药渊源。

“禅医”“以禅为髓，修身养性。”“医”“禅”结合，以功法为导，以医药为用，以禅修为髓，以提升生命为谛。

“禅茶”“茶中有禅，禅借茶悟。”禅茶，是寺院僧人种植、采制、饮用之茶。禅之精神在于悟，茶之意境在于雅，茶承禅意，品茶的同时体悟佛法。

禅，源于灵山佛陀拈花，迦叶一笑。后经达摩引入中土，经历五代，至六祖慧能，一花五叶。

禅，佛教之语，“禅那”。禅非词语、逻辑能准确诠释，也无法通过具体形式传授，是以心传心，是心灵世界的参悟。

参禅，就是向内观照，至本心性、自悟自觉；唤起被无明与恶业避障的般若与慈悲，启发、修习，证悟空性；向内寻找真相，挖掘深藏在内心深处的精神宝藏，以获解脱。

坐禅，无障无碍，心念不起，为坐；内见自性不动，为禅。

禅，起源于佛教，但已超越了佛教的范畴，渗透到了民族性格、价值观念、思想文化、生活方式等诸多方面。对整个世界的精神生活都产生了深远影响。

禅与茶，二者之道相通，都是无限贴近自然与纯粹。

尤其日本茶道的“和、敬、清、寂”，与参禅的“柔和”“敬信”“清净”“寂止”，相通相融。

剥离纷繁，感知纯朴；去除矫饰，融入自然；破除色界，直抵空性；向内寻求，生命真谛。

南少林露重雾浓，清凉气爽，也是著名的古茶园，产茶的历史可追溯到北宋，当时便出产贡茶“林山云雾”。

现今寺庙所产的功夫禅茶，皆为红茶。

南少林功夫禅茶不是浓甜，而是清甜，合佛门清净本意。

佛门僧人坐禅修行，需要静心息气，专注一境，才能启发智慧，体悟大道。修的过程中，茶自然少不得。

且茶之本性，洁净清淡，也最合佛家淡泊寂静的意境。

南少林功夫禅茶分观心、初心、净心、觉心四种。

我擅做的阐释：观心，观照本心；初心，守持初心；净心，自净其心；觉心，悟觉慧心。四心，透的也是一颗禅心。

大雄宝殿，敬香三支。这里有免费香火可直接敬奉，毫无当下很多名刹昂贵香火的铜板气味，实属难得。

旁边几个似乎财大气粗的汉子一个劲地高声喧哗着，原来他们在烧着价格不菲的“高香”，颇有几分不可一世，还瞥了一眼旁边“寒酸”的我们，满眼的轻蔑与不屑。

同行的小龙不乐意了，也要去请高香，我拦住了他。

“修福德而不著福德相，方为福慧双修。”

“我不太明白。”

“供养菩萨的功德可比不上受持经书，我教你些简单的，跟我诵一段《金刚经》吧。‘善男子、善女人，受持读诵此经，若为人轻贱，是人先世罪业应堕恶道，以今世人轻贱故，先世罪业则为消灭，当得阿耨多罗三藐三菩提。’”

“我可记不住。”

“佛法讲的是深入般若智慧，远离一切执着，究竟涅槃。所以，拜佛，有一份虔诚心意即可，佛，不是我等凡夫俗子，不是谁当面讨好他，就会格外关照谁。佛的加持只有敬信之心方能感知。何况，佛陀本持四姓平等之念，婆罗门、刹帝利、吠舍、首陀罗，皆无人种优劣之别。”

“您确定佛能知道我的诚意？”

“如来，乘如实之理而来，为度化众生而来，由真如显现而来，虽来而无来。且佛眼无事不闻，无事不见，无事不知，无事为难，无所思维，故，佛眼常照。”

“太深奥了！恕我难解。佛还说了什么真言妙语？”

“若人言如来有所说法，即为谤佛。”

“我听您的。只是刚才那帮人太可气了，看得出他们其实也不是什么有钱人，就是一群嘚瑟鬼而已，您没看到他们看您的眼神，什么东西！”

“不管他们是什么人，‘若观佛作清净光明之相，观众生作垢浊暗昧之相，作此解者，历恒沙劫终不能得阿耨菩提。’何况，佛陀说过，‘若以色见我，以音声求我，是人行邪道，不能见如来。’”

“可是他们对佛祖也不敬啊！”

“无论是否出家，进了寺庙都应如法，你说的没错。但我告诉你，那些让你不快的人，或许是逆行的菩萨，专门来度你；抑或是菩萨专门派来加持你的，要心存感激。你怎么知道他们不是提婆达多？小龙，世间所有的争执都是源于狭隘。”

离了南少林，小龙也带了一份禅茶给他的妻子。

“为什么叫禅茶？禅字到底怎么讲？反正我说不清，就是觉得禅很有品位与意境。”

“外离相为禅，内不乱为定。”

“太玄妙了！”

“借日本佛禅大师铃木大拙的一段话吧：禅在生活当中，你离它近了，它却远离了你；你远远地看不见它，它却在你的身边……禅要一个人的心自在无碍，禅要觉照心灵的真正本性，据以训练心灵本身，做自心的主人。”

“您对佛法很有见地！感恩赐教！”

“我可不敢对谁示诲。何况，在佛门净土夸赞我对佛法的见地，实在是一种讥讽。”

“为什么这么说？”

“知法无知。”

33.建瓯的北苑贡茶

建瓯，闽北一座小小的县级市。对建瓯感兴趣，因这“瓯”字。瓯，瓦器，我直接理解为“小泥碗”。

其实，这个建瓯一点儿也不简单。建瓯，古代建安与瓯宁两县的合称。福建的“建”字也源于此。这是一座有着三千年历史的古城，943 年，这里还曾是瓯国的都城。

快到建瓯西站时，车窗外能看到一片片郁郁葱葱的茶园。

据说，建瓯不仅是一座千年古都，也是一个古老的茶都。

下了高铁，车站的出租车让人有些恼火，拼客，还说整个建瓯都是如此。没办法，我颇不乐意地坐在了后排。

光孝寺距离建瓯西站五公里。三个乘客我是最后一个下车，出租车司机要 15 块钱，掏出手机，不快地付了钱。

“南有开元，北有光孝。”光孝寺始建于六朝，距今已一千四百多年的历史，是福建现存的最古老的一座寺庙，非常殊胜。

这样一座古刹竟藏在一条毫不起眼狭窄小路的尽头。

门口一棵古树似在迎接香客，看着它那笑容可掬的样子，明白了“如来说世界非世界，是名世界”的道理。

山门上“南山”两字，提示着它曾叫“南山光孝寺”。

这个几乎隐于田间、村舍，温润而质朴的古寺已被很多人认为与这个时代格格不入，甚至被看作是没落、衰败的代名词。我想，是因它已找不到与这个时代适宜的交流方式，便静静地停在一隅，保持着沉默。就像一位历经岁月洗礼的老人，早已不在意他人对自己的赞美或诋毁，更在意自我尊严的小心维护。

人又何尝不该如此，短短几十年，总得守住几分情怀吧。

大殿传来了深沉而洪亮的诵经之音，恭敬进入。从眼神可清晰地看到僧人们的虔诚，绝无当下有些寺庙里的僧人那般的漠然或高冷，无奈或迷离。这座古老的寺庙的确在传承着古老的信仰，古老的信仰才具有亲切、深厚的力量。

修行的三无漏学，戒定慧。“摄心为戒，由戒生定，因定发慧。”戒，是基础，即使戒未生定，未发慧，持戒也能远离恶业。持戒是对自己的保护。

安住于心，不为外缘所动。

出了光孝寺，沿着两边满是农田的小路走了差不多1公里，上了大路，没多远便是松溪。

站在桥中央看了一会儿有些浑浊的江水，准备过江，步行去不远处的通仙门。下意识地摸了一下裤兜，“糟糕！”惊得我一阵发凉，裤兜里的钱包不见了。钱虽然不多，但有身份证、医保卡、银行卡、发票……这些东西实在是太重要了！

定了定神，我开始回忆。出站的时候，我还用过身份证。出了站直接上了出租车，直接到了光孝寺。定是下车前掏手机付款时，把钱包带了出来，一定掉在了出租车上。

我拨打了 110，接警是一个年轻女性，我简单描述了事情的经过，她让我去瓯宁派出所处理。为什么？

她告诉我，应该到事发地派出所处理。

我实在不能理解。不过她的态度倒还不错，对我说，她会提前与派出所民警联系。没办法，只能听她的。好在建瓯很小，到哪里的距离都很近，司机也熟悉路，很快到了派出所。

进了派出所，一名年龄较长的民警接待了我。

“你快帮我查出租车！”我急匆匆地对他嚷嚷。

“别着急，坐下慢慢说。”他倒不慌不忙。

“我能不急嘛！”我有点气急败坏了。

“你的姓名、身份证号码。”他依然不紧不慢。

我耐着性子回答了他。他看了我一眼，然后，笑眯眯地从抽屉里拿出了我的钱包。这也太神奇了吧！

原来，我下车之后，下一个乘客上车发现了遗落的钱包，交到了就近的派出所。我赶紧打听对方的信息。

“是个当地的中年女同志，不愿留下姓名与联系方式。”

想想也是，肯这样做的人一定不会接受他人的酬谢。

我对自己刚才的不礼貌，不好意思了。

破我执，不易，因积习未尽。佛法对治执念，尤其是对治内境，我还要继续修行啊！

急中生智，静极才能生慧。要认真用功修静。

其实说到底，心性不生，何须知见。

佛法对于社会人而言，不是一招一式的武功，而是临敌时融会贯通、发乎于心的自然意念。而这个假想之“敌”，就是自己的心。

所谓自性自度，即邪来正度，迷来悟度，愚来智度，恶来善度，如是度者，名为真度。

原计划还要去通仙门、归宗岩、万木林……还有最重要的北苑贡茶遗址，这么一折腾，哪儿也去不了了，好可惜。

不过，还是在一个街区的茶庄找到了建瓯的北苑水仙茶。

北苑水仙，茶汤橙黄清亮、香气沁人如兰，那是一种远古时代留下的醇香，还带着些许历史的风尘之感。

千年茶都的古老水仙的确未负这贡茶的盛名。

贡茶制度有着悠久的历史，到了宋代达到了极致。

宋代的北苑官焙就在建瓯的凤凰山。

凤凰山所产北苑茶，北宋便是知名贡茶。据说，深受艺术造诣很高，创瘦金体的宋徽宗喜爱。

蔡襄《茶录》记载：“惟北苑凤凰山连属诸焙所产者味佳。”

宋代沈括《梦溪笔谈》对北苑茶也有记载：“建茶之美者，号北苑茶。”

中国各地有太多的贡茶，想那皇帝也实在有口福，可恣意“啜英咀华”。不过他们还是没我自在，我可以自由地行脚天下，可以在茶树下品自然的真味。

连顺治皇帝都说过：“朕为大地山河主，忧国忧民事转烦。百年三万六千日，不及僧家半日闲。”

看来，日中一食，树下一宿的日子自有其喜乐。

喝了北苑贡茶，也算圆了我建瓯之行的茶愿。

明天一早的工作已提前安排，今晚必须赶回福州。

到了建瓯西站。这会儿才发现有点饿了，从早晨到现在，我只吃了些早点，不饿才怪呢！

西站广场当地人在卖一种小巧玲珑的建瓯特产——光饼。咬了一口，好香！

抬起头又看了一眼车站上“建瓯”两个字，对这座古老的小城又添了几分感恩与亲近。

感恩，不仅因为钱包的失而复得，更重要的是，让我感受到了世间的善良与温暖。

我们应该常怀感恩之心，感恩是一种人生的厚度。

每个人都有自己无法控制的躁动不安的时刻，这时你需要能让你静下来的灵物。是什么？需要自己不断尝试，不断地找，且一定要找到，否则人生怎么能安宁地度过。

我想，我找到了。

34.安溪安宁的茶

住在厦门枋湖汽车站附近，意外有一天的闲暇时间，临时决定去一趟安溪。

厦门枋湖汽车总站到安溪恒兴汽车站约90公里，需一个小时的车程。已至秋分，天气已渐凉爽，一路丝毫不觉得辛苦。

安溪，溪水安流，象征安宁祥和。

安溪就是这样一个清淡安宁的小城，安宁之感，就像一条潺潺流过心田的清清溪水。

凤山，安溪清水高峰，出云吐雾的安宁之所。

想讲一个小故事。

二十几年前，我拥有了第一辆汽车，一个很普通的小车，开了三年。经济条件越来越好了，换一辆好些的车吧。

一直沉浸在新车带来的兴奋之中，直到买主付了钱，准备把停在角落里，已落满灰尘的那辆旧车开走时，突然一股强烈的不舍涌了出来。三年了，朝夕相处，那辆小车似乎成了陪伴我最多的兄弟，我怎么轻易地舍弃了它！

与买主商量后，我开着它到了一个人少的地方，坐在车里抽了一支烟。

“以后的主人会善待它吗？”我不安地自问。

这么些年过去了，我的车换了一辆又一辆，但是，再卖掉旧车时，那种不舍却再也没有出现过……

随着科技不可思议的发展，人们的享乐方式也日趋复杂，很多我甚至闻所未闻。

有些事，当你有很多选择时，选择却成了一种恼人的困难，你面临的选择越多困难就越大。当兴致被选择占据大半，事物本身的滋味就可能成为附属，快乐就会本末倒置。

故，我认为选择越多，快乐可能就越少。

反刍我的人生经历及由此积累的三观，的确与当下所谓的主流意识有诸多碰撞与冲突。例如，在我看来有些所谓沉浸式体验实际上就是虚拟世界所构筑的密不透风、难辨真假的巢穴，让虚拟与现实之间的边界越来越模糊，甚至会让自己不由自主产生幻觉，难辨置身何处。

这个世界越来越像小时候看过的科幻电影，可是，小时候的我还能看得懂，现在的我却越来越看不懂了。

我并不排斥这个对于我已有些陌生的世界，因为随着社会进步，文明的程度越来越高，社会文明充分尊重每个人的生活方式的选择权利。文明是理性、包容、尊重，不是自我冲动，不是恣意指责，更不是以文明者的姿态去征服。

时代凝固了每个人都无法脱离的某种共性的果报，但自身生命的状态取决于自身的见修行，因果不虚，个人的生命状态并不完全无奈地依赖、局限于时代。

我们可以选择。

康德说过：人之所以为人，是因为他能够做出选择。

我坚持认为：盲从，是一个人最大的不幸。

每个人生命状态的选择标准应该是心灵安宁。

我始终钟情于简单、自然、安宁的感受。

比如喝茶，比如茶山听风……

在这生存竞争力越来越强，幸福感知力越来越弱的时代，我不愿假借任何复杂的方式获得愉悦，就喜欢用老天赐予我的古老而原始的工具，眼睛、鼻子、耳朵、手脚、口舌、心灵……去体验安宁的幸福与快乐。纯净的安宁，才是心灵的享受。

比如，看到一条喜欢的小径，便可不假思索，也不管今夕何夕，只管随着自己心意，走进去一探究竟。

在当下，对于雅与俗的区别，我粗浅的划分标准是；享受的取向，是欣赏还是娱乐；是心灵需要还是寻欢作乐。

为什么当下的人越来越容易陷入厌倦而无法摆脱？

摆脱厌倦，需要改变的是自己对待生活的方式，不是生活的内容。前者带来的是持久的幸福感，后者却是短暂的新鲜感之后，便再一次陷入厌倦，且厌倦感很可能越来越深。

当然，前者比后者要难，后者几乎唾手可得。

很多人会觉得我说的这些很无趣。因为，他们已变得懒惰，已习惯于“直”“捷”的快乐。就像风景，要直捷映入眼帘，不愿多费走过小径的周折，却忘了“夫唯捷径以窘步”。

其实，那条小径就是美丽风景设置的屏障，因为美丽风景并不希望每个人都能轻而易举地接近、得到自己。

所有的快乐都有屏障，那屏障就是你自己的功利心，你要亲自动手，用耐心、诚心、细心、慧心去拆除。那屏障并没有你想象的坚固，而你得到的一定超过你的想象。

被马克·吐温誉为19世纪中除拿破仑以外最杰出的人物，海伦·凯勒在《假如给我三天光明》书中写道：“我这个看不见东西的人，仅仅靠触摸就能发现许许多多让我感兴趣的事情。春天，我摸着树枝，希望能找到一个蓓蕾，因为，它是大自然从寒冬中苏醒过来的最早征兆。”

安溪，青茶铁观音的发源地。

安溪产茶的历史可追溯至唐朝。宋代，铁观音已名扬天下。

“寺僧植茶，饱山岚之气，沐日月之精，得烟霞之霭，食之能疗百病。”

安溪铁观音，中国十大名茶之一，乌龙茶的杰出代表。

铁观音最大的特点就是干茶条索紧实，沉重如铁，当地人喜欢将干茶投入盖碗后，盖上盖儿，一边摇着听“叮叮咚咚”的清脆之声，一边醒茶，煞是有趣。

铁观音茶汤清透纯净、金黄亮丽，香气浓郁而高扬。

铁观音具有辨识度极高的“观音韵”。

何为“观音韵”？千人千韵，只可意会不可言传。

我所感受的“观音韵”，是“气”，尤其回甘之中那股明显而持久的“气韵”。

安溪茶人教我辨识观音品质。叶片椭圆，叶齿疏钝，叶面如波，叶肉肥厚，叶尖左歪，嫩芽紫红，便是上乘好观音。

铁观音的香气分类细致，有适合淡泊之人的“清汤绿水”的清香型，有老茶客嗜好的“浓郁厚重”的浓香型，有福建人情有独钟的“火味十足”的炭焙型，有当下格外流行的与传统铁观音大相径庭的“轻微发酵”的鲜香型等。

铁观音之外，安溪还有出色的黄金桂、本山茶、毛蟹茶等。但到了安溪更重要的是随心、随意地吹吹茶山那安宁的清风。

“神静而心和，心和而形全。神躁则心荡，心荡则形伤。将全其形，先在理神。故恬和养神，则自安于内，清虚栖心，则不诱于外物。”

安溪，适合养心。

养心，首先养神，继而养形。

养神的前提，让灵魂摆脱禁锢，自守安宁。

一个人对物质的依赖程度越高，灵魂的自由程度就越低。

当然，人都无法离开物质基础。

很多人说，等我挣够了钱就去享受自由，那多少钱够呢？多少人在完成既定目标之后又给自己重修设定了新目标？

莫忘初心。故，还是尽量把目标设定的合理一些，让自己有机会把初心安宁地守住。

获得幸福需要一种能力，思考与选择的能力，决策与坚持的能力。如果你觉得自己长期处于痛苦之中，那是你缺乏获得幸福的能力；如果你既不觉得痛苦，也不觉得幸福，那是你对自己已然麻木。麻木，绝不是安宁。

幸福是一种感受，它只存在于相信之人的心中，就像置身安溪茶山，相信眼前的这杯茶，就是安宁、幸福。

安溪的小吃，清淡、平和，利于养形。

这里有很多店铺，不远处有一家似乎人气很旺，店前人头攒动，趋之若鹜，周围的人们不明就里，都被完全吸引过去了，眼神里写的就是：大家都选它，准没错！

我是最怕与人争抢，面对人群唯恐避之不及，便选了一个角落里的小店。

不随波逐流，很多时候是为了保护自己。

店主是一个不善言辞的中年男人。不对，从那双有内容的眼睛明显看得出，他不是不善言辞，而是不爱言辞。

“养心莫善于寡欲”，平日的我并不在意吃，一个人的时候每餐饭吃得很简单，剩下的时间与精力就去看书、喝茶。但对旅途中偶遇的地方小吃却会认真体验。

人，本来就是过客，过客就是要充分地体验。

微信结账的时候，发现店主的微信名是“我是谁”。

忘了自己是谁，也就忘了对错、忘了爱恨，甚至忘了亲疏、忘了你我。

忘了自己是谁，才是真正的神仙。

自古神仙无别法，只生欢喜不生愁。

我也是神仙！轻举远游的神仙。

35.平潭的天价茶

原计划从厦门到莆田品茶，突遇莆田仙游疫情。

从厦门一路高速回福州，二百五十多公里，遇服务区都不敢停，不敢轻易扫码，唯恐后期出现什么意外状况被隔离。

三岔路口，忍了再忍，最终还是决定先去一趟平潭。

平潭北港，一个宁静的小渔村，很适合喝喝茶、看看书、随意走走，写写心里的东西。

因四面环海，常年海风不断，窗户很小，更让古堡一般的石头厝藏满了故事。

崖上石屋让人想起博斯普鲁斯海峡，陡峭石壁上鳞次栉比的小屋。此时，如果再配上土耳其红茶，真的会以为到了蓝白相间的浪漫童话——爱琴海。

蓝色象征忠诚、宽广、宁静与永恒；白色象征神圣、纯洁、端庄与超脱；蓝白共同的组合是冷中之冷，冷中之清，安静、纯粹、清新、深邃。

昂起头，挺起胸，尽量舒展躯体，让整个身体都接受和煦阳光的沐浴，随之，感觉自己慢慢飘浮在半空中了。

平潭，又称“海坛”，与台湾岛隔海相望。打开电子地图，距离台北竟这么近。
这应该是距离台湾最近的渔村了，好像一抬脚就跨过去了。

同行的福建老友老唐，知我痴茶，这次计划去莆田也是专门为了明清时期福建七大名茶之一，莆田仙游的“郑宅茶”，没想到遭遇如此意外状况。

为弥补我的遗憾，专门为我找了一款福建的“密”茶。

所谓“密”茶，就是天价茶。

“密茶”，口感顺滑、绵柔，品质很好。

无意间上网一查，吓了我一跳！一泡茶竟然 8888！一斤茶可以换一套房子，太离谱了！

这哪里还是柴米油盐酱醋“茶”的茶？

似乎也违了琴棋书画诗酒“茶”的茶！

唉！老唐不知，真正的痴茶者不可能功利地痴迷茶的价格，只会痴迷茶的本身。

更何况，“但识琴中趣，何劳弦上音”。

对这种天价茶，我绝不推崇，还很抵触。

我赞同叔本华所说，“一个人自身越丰富，他在别人那里所能得到的便越少，别人感兴趣的许多事物，在他那里既浅薄又乏味。”尤其认同一点，“如果某种快乐在所谓的上流社会受到欢迎，那么那些庸人便会强迫自己趋之若鹜，但是他们所发现的快乐非常有限”，且“财富如海水，喝得越多越是口渴。当我们无力增长能够满足各种欲望的财富，我们便会因为不断努力想增长财富的欲望而受尽折磨”。

“若菩萨有我相、人相、众生相、寿者相，即非菩萨。”

虽口中说着，但不忍拂老唐的心意，毕竟心意绝对真诚，还是怀着一颗复杂的心，喝了一场有些尴尬的茶。

晚饭，我坚持吃最渔村的东西。就在渔船边，海鲜一锅乱炖，原始而粗糙的海蛎饼、沙茶面……

“蓝眼泪！”有人惊呼。

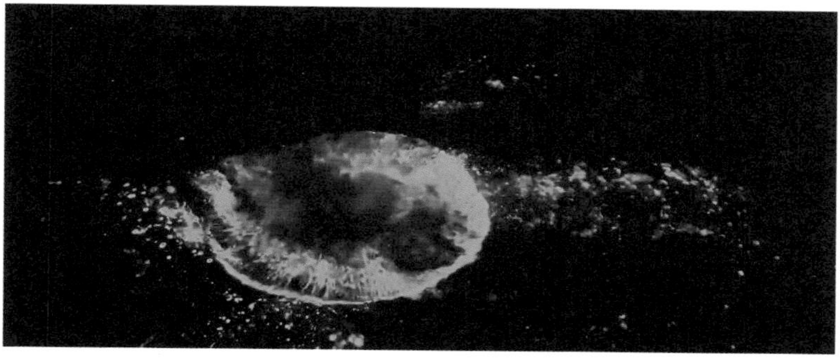

随着一块石头投进了海水，深蓝色的海水魔幻般地变了，像天上的星辰落入了大海，起伏飘荡，晶莹剔透，如云如烟，如梦如幻，眼前就是一片浩瀚群星，星辰大海。

好像有一条星光铺成的天路，直通天际……

每一段旅程，都会收获一份惊喜，这一次，是穹顶银河中一双圣灵的眼睛滴下的圣洁的眼泪。

“这绝对是茶中极品！”

老唐应是看出了我对天价茶的些许不屑，又带来了大师级的极品茶。

对于所谓的“大师”及“大师茶”我还是尊重的，倒不是因为这位大师被某某领导人接见。

堪称“大师”，至少应该是一个具有“匠心”的“匠人”，我历来尊重“工匠精神”。

匠人之心，没有功利，只愿无限追求极致与完美，或者说，只享受无限追求的过程，至于极致与完美只是心里的一盏灯，不是终点，也无须一定到达。

匠人不是一种标准，而是一种品质。

36.武夷山的朱子家茶

夫之所贵者，和也。妇之所贵者，柔也。

事师长贵乎礼也，交朋友贵乎信也。

慎勿谈人之短，切莫矜己之长。

仇者以义解之，怨者以直报之，随所遇而安之。

人有小过，含容而忍之；人有大过，以理而谕之。

勿以善小而不为，勿以恶小而为之。

处世无私仇，治家无私法。

《易大畜》曰："君子以多识前言往行，以畜其德。"

宋朱熹《朱子家训》，中国传统修身治家之道，值得品读。

朱熹，中国历史上伟大的思想家、哲学家、教育家，儒家思想的传承者。朱熹在儒家思想的基础上孕育了理学文化。

武夷山，朱子理学的摇篮，朱熹十四岁便在此生活、成长、著述、讲学，先后度过了近五十年。

武夷山东南的五夫镇，朱熹故里。

紫阳楼，依旧孜孜不倦地传颂朱熹治家典则四本：

伦理，保家之本；

勤俭，治家之本；

和顺，齐家之本；

读书，起家之本。

理气论，朱熹理学的核心内容。

宇宙万物都是由“理”与“气”组成，“气”是构成一切事物的材料，“理”是事物的本质与规律。

“天下之物，则必各有所以然之故与其所当然之则，所谓‘理’也。”

“理”虽无形，但一切事物皆有“理”。“理”归根结底是“天理”。就每个事物而言都完整秉受了“理”。如天上月只有一个，“月映万川”“千江有水千江月”，映射在江河之上却是无穷，有多少江河湖海，就有多少个月亮。

“理一分殊”，一粒种子种下去会生出百粒种，百粒种子都源于最初那一粒种子，但又跟那粒种子不同。百粒种子再种下，又都生出了百粒种子，如此生机往复。生机是一致的，生机所呈现的具体内容却千差万别。

蔡尚思的一首诗这样概括中国的古文化。“东周出孔丘，南宋有朱熹。中国古文化，泰山与武夷。”将朱熹对中国古代文化的贡献与孔子相媲美。

朱熹还重修、重振庐山的白鹿洞书院，讲学长沙岳麓书院，对中国古代的书院文化做出了无可替代的贡献。

土猪肉什锦状元塔、莲子炖蛋、田螺煲、泥鳅粉丝、土鸡、黄鳝煲、笋饼、莲田鱼、酒糟肉……五夫镇朱子家宴均由田园土产制作而成，家味十足。

“煮莲教子”“家宴待客”的故事，讲述着理学文化与修身治家的道理。

中国自古以来，“国”与“家”的命运，生死与共、密不可分，朱熹所处的宋代更是如此。

“积善之家，必有余庆；积不善之家，必有余殃”，传承家训、家风，恪守家庭伦理是中国千百年来古老的带着厚重民族底色的传统文化，这种文化承载着规范伦理、塑造人格、维护秩序、修身齐家的人生使命与人格追求。

前辈为后人而自律，后辈为前人而自修，穿越时空，代代相承，形成独特而固有的一脉家风。

家文化的核心是修身齐家，有为有守。

中国人的修身，是以持续一生的自省方式，将仁义礼智信，温良恭俭让不断内化的过程。如《曾国藩家书》所言：“凡人多望子孙为大官，余不愿为大官，但愿为读书明理之君子。勤俭自持，习苦习劳，可以处乐，此君子也。”

也如《诸葛亮诫子书》教导：“夫君子之行，静以修身，俭以养德，非淡泊无以明志，非宁静无以致远。”

“格物、致知、诚意、正心”“修身、齐家、治国、平天下”，中国人自古以来一生的追求。

“忠厚传家久，诗书继世长”的家文化，展现着古老东方文明与人文美学的无穷魅力。

五夫镇，除了朱子家训、朱子家宴，还有朱子家茶。

五夫镇的朱子家茶，主要是采当地茶青，制成肉桂。

朱子家茶推崇的“俭、清、和、静”的茶文化，还是颇得茶人赞同。茶尚俭，勤俭朴素；茶贵清，清正廉明；茶尊和，和衷共济；茶致静，宁静致远。

陆羽言："茶性俭，最宜精行俭德之人。"

中国传统的茶道，是茶恩赐国人独有的福与慧。

肉桂作为一种独特的高香茶类，最大的特点就是馥郁高亢的桂皮香气。品质高的肉桂除这种基础香之外，还会通过特殊工艺融合果香、蜜香等复合香气，这正是肉桂魅力之所在。

武夷山产茶区被称为正岩茶区，而整个正岩茶区又被分为名岩茶区与正岩茶区，而正岩茶区周边被称为半岩茶区，之外则为外岩茶区。

我认为，同一区域茶的原料差异并非天壤之别，制作工艺也非南辕北辙，茶品质的最大差别应是制茶人的用心程度。

一份茶的品质，五分原料，三分工艺，二分制茶人的心思。但这二分却是最能发挥主观能动性的二分，把这二分用心发挥到极致，这份茶便是极致茶。

"极"，用心之极。

作为岩茶当下杰出的代表，肉桂同样以火为重要的元素。“过火”的功夫从某种角度决定了肉桂的品质。

肉桂需过三道以上的火，过火程度从干茶的茶色也可辨出。

高品质的肉桂通常只采春茶一季，完整的制作周期却需要四个多月。其中，过火最耗时耗力。

跨越时空，见贤思齐。

仰望伟大的先贤朱熹，他深刻的哲学思考依然能给今天的我们带来正大、平和、坚定，温暖的力量，指引着我们的精神世界走向成长。

相信传统的中国家文化，必定如朱熹手植的这棵香樟，常绿长青。

37.泉州怀旧的茶

建于南宋时期的东关廊桥，一座很旧的桥，对我个人而言，却是永春最有韵味的景致。

看到廊桥总会不由自主想起《廊桥遗梦》，想起那句，“在一个充满混沌不清的宇宙中，这样明确的事，只可能出现一次，不论你活几生几世，以后永不会再现”。

永春佛手，产于泉州永春，其鲜叶片大，形如佛手得名，是乌龙茶最怀旧，也是其中名贵的品种之一。

采摘、晒青、摇青、炒青、揉捻、烘焙，永春佛手的加工工艺与传统乌龙相同；条索肥壮、结实厚重、色泽乌绿、馥香浓郁、汤色澄亮、持久耐泡，与乌龙茶也有着共同的特点。

因春茶颜色不同，佛手分红芽、绿芽两种，红芽为佳。

佛手本是柑橘的一种，以此命茶名，也因其有柑橘的奇香，品质高的佛手还有雪梨香。

佛手与铁观音，很多人分不清。二者直观最大的差别在于，佛手叶片较大；滋味差别在于，佛手果香，观音存韵。

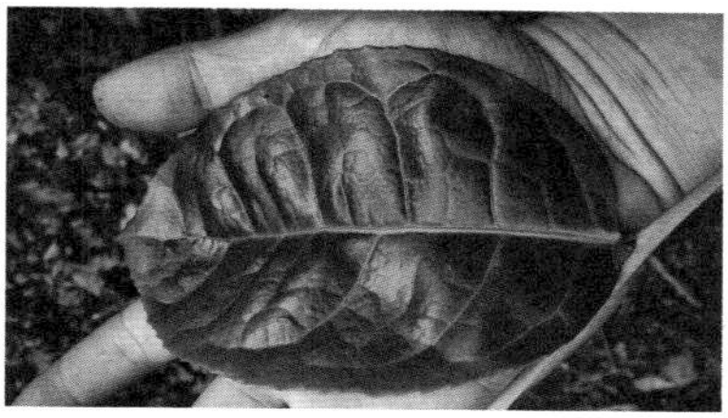

这是佛手的鲜叶，
大如手掌。

泉州，人称“半城烟火半城仙”，因五步一寺，十步一庙。佛教、伊斯兰教、基督教、犹太教等世界各种古老的宗教广泛传播。最著名的当数开元寺。

开元寺，创始于唐朝，元代时赐名“大开元万寿禅寺”。

朱熹所书：此地古称佛国，满街都是圣人。何等赞誉！

“圣人”也罢，“佛”也罢，皆因“觉”。远离了我、人、法、非法，即可渡生死河，达涅槃岸。佛法曰：“离一切诸相，则名诸佛。”众生觉即为菩萨，菩萨迷即为众生。

每个人都应主动学一些佛法，并逐步内化，由刻意到自然，应用到日常生活中。有的人等环境、心理、身体出了问题才去佛法中寻求护佑、寄托、帮助，临时抱佛脚多半已经迟了。

佛法以“见”解，“修”悟，“行”愿，来实现开悟，实现灵魂的安宁与自由。

双塔，泉州的标志。

东塔，镇国塔，1997 年入选中国四大名塔邮票，称为石塔之王；西塔，仁寿塔，先于东塔十年建成。双塔浮雕极精美，历经台风、地震等自然灾害，屹立不倒，堪称奇迹。

开元寺旁，是泉州著名的西街，也是“半池秋水觅年华”之所在。西街早在宋代就是繁华街市，现今仍保存了大量古街民居、历史建筑以及近代洋楼与古厝木楼。

应该是刻意保留的繁华街市中的老交通信号灯台，诠释着现代中沧桑，更显沧桑的意境。

最喜欢这家老新华书店。

虽与全国的新华书店一样，早被所谓的现代数字技术打得一败涂地，已然没落，但我就是喜欢。

这怀旧的书店，也把我的心带回了怀旧的时代。

那个比拼母亲心灵手巧、父亲勤劳淳朴的时代；那个值得尊重的时代；那个如童话一般简单而美好的时代。现在，似乎有钱即可搞定一切，那么不假思索、直截了当，那么赤裸裸。这样的时代在我眼中如同水中月。

我很幸运，经历了曾经的那个时代；我又很不幸，经历了之后，原来那么怀念。

38.漳州的白芽奇兰茶

漳州有名茶，还有水仙花。

到漳州不仅为茶，也为水仙。

漳州的老唐一定要陪我赏水仙，我拒绝了。

有些如少女般的美好，只能独自去品味，比如赏花。因为这些美好会害羞，人一旦多了，她们就会躲起来，避而不见。

“我们互相陪伴不好吗？最近，我很孤独。”

说自己孤独的人，定不会孤独，应该总是处于热闹之中，只是偶尔无局，不适应了，才说孤独。

人的精神能量补充方式通常有两种，一种要到人群中通过社交互动而补充；还有一种是在社交中会流失精神能量，需要孤与独才能完成自我补充。我属于后一种。我定义自己为社交无能症与恐惧症，有些无奈，但也有些窃喜。

每个生命的本质都是孤独的，根本无法通过其他人的进入与给予而改变。正视孤独，品味孤独，拥抱孤独，你会发现，孤独并不痛苦，反而是一个安宁而美好的体验。

如果无人相伴让你难受、痛苦，只能说明你不够爱自己，或者压根就不爱自己。

“老唐，幸福与快乐是可以独自一个人完成的事。”

美与好，是身与心的和谐统一。

莫“神儵忽而不反兮，形枯槁而独留”。

应“内惟省以端操兮，求正气之所由”。

漳州水仙的种植历史超过五百年，鳞茎硕大、箭多花繁、形美香郁、素雅娟丽。单瓣称为“凌波仙子”，复瓣分别为“金盏银台”“玉玲珑”。

“水仙头，秋尽从吴门而至，隔岁则不再花，必岁买之。”

水仙在中国象征着吉祥与团圆，尤其是春节的时候，很多家里都会摆水仙，既合水仙的花期，又是美好的祝福。

从小，每逢岁末，母亲都会取出瓷钵，连同提前准备好的不大不小的漂亮石子一并清洗干净，用于栽种水仙。

石子不仅美观，还要用来固定水仙根茎。

一盆水仙置于桌头、案头，陋室片刻雅趣横生。

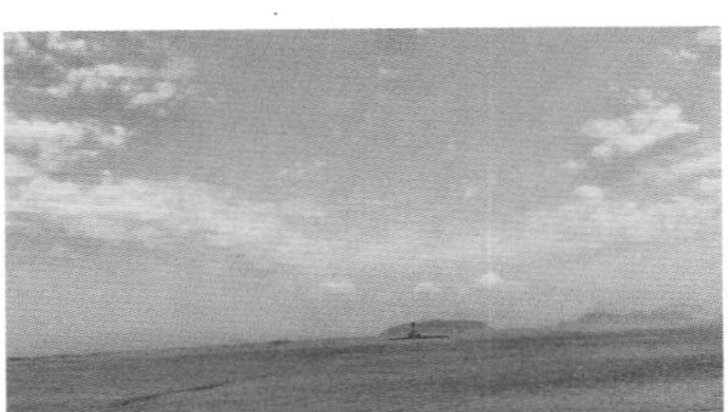

漳州还有美丽的东山岛。

东山岛有很多的故事，最凄凉的，还是临近解放，国民党撤离大陆前抓走了大量男丁，留下了日日夜夜对海哭泣的女人，也由此而生了“寡妇村”。

到漳州，最重要的事当然是喝茶。

漳州有六大名茶，华安铁观音、诏安八仙、云霄黄观音、古雷水仙、平和白芽奇兰，以及南靖丹桂，个人认为，最独特的当属白芽奇兰。

白芽奇兰，属乌龙茶，产于漳州平和县。

平和，一个地处偏远，经济并不发达的小县。

平和的茶山更是藏于外人不易到达的偏僻山区。

相传，乾隆年间，平和县崎岭彭溪水井边生长了一种奇特的茶树，新芽是一种罕见的白绿色。以此制成乌龙茶，有一种奇特的兰花香，故名“白芽奇兰”。

原来在武夷山喝过奇兰，一直以为就是这白芽奇兰，这次才知道，武夷山产的叫“武夷奇兰”，是从漳州平和所引进，在福建，白芽奇兰与武夷奇兰是两种不同的茶。

白芽奇兰，不仅干茶看起来与铁观音有几分相像，连茶汤也与铁观音一般金黄澄亮。

此茶兰香悠长持久，这是它最突出的特点；且回甘强烈，口感爽滑醇厚。

白芽奇兰力道很足，茶性浅的人未必能自如消受。

白芽奇兰茶汤。

平和的茶不仅制成传统的乌龙茶，也以此茶制作岩茶。

平和，还被称为柚都。

据说湖南、广西所产的柚子，源头都是出自平和。

当地经过改良，人工养殖的红心柚更加清甜。

白芽奇兰配着红心柚，已成了平和人的一种生活方式。

我对平和萝卜饼印象颇深。
质朴、田园。

人，不能丧失对质朴事物的兴趣，而热衷于追求刺激。

不断地追求刺激，只会带来一个结果，不自觉地提高刺激的敏感度，直至没有什么能够继续刺激自己，陷入麻木。

39.井冈山的翠绿茶

闲云潭影日悠悠，
物换星移几度秋。
阁中帝子今何在？
槛外长江空自流。

还自诩是读书人，竟对王勃的《滕王阁序》不甚了解。

滕王，李元婴，李世民的弟弟。此公虽是标准的纨绔子弟，但客观地税，还是有着一定的艺术造诣，应该源于他自幼所受平常之人不可能得到的富贵家庭的教育与熏陶吧。

滕王阁，赣江东岸皇家歌舞楼阁，为李元婴所修建。

“瑰玮独特”的滕王阁，被誉为江南三大名楼之首，很大一部分原因出于“初唐四杰”之一，王勃那无人不知无人不晓的《滕王阁序》。

江西南昌实在是“物华天宝”“人杰地灵”“雄州雾列”“俊采星驰”之地；滕王阁也确是“层峦耸翠”“上出重霄”“飞阁流丹”“下临无地”；那两句绝唱“落霞与孤鹜齐飞，秋水共长天一色”让滕王阁名扬天下。

“关山难越”“萍水相逢”道出了世态炎凉；难免落得“时运不济、命运多舛。冯唐易老，李广难封”的局面，最终“胜地不常，盛宴难再；兰亭已矣，梓泽丘虚”。

王勃应该是将自己的怀才不遇之怅投射于《滕王阁序》，借以释放仕途沉沦的压抑心绪。临江而立，我却只想长啸一声，“沧海一声笑，滔滔两岸潮”。

永无止境的希冀是人的自然本性，只要不破除，便会永远停留在苦厄的轮回之中，无法解脱。

“寂寂掩高阁，寥寥空广厦。待君竟不归，收领今就槚。”

还是就槚，品茶吧。

这次到江西，是途经南昌，然后去井冈山体验红色圣地，同时探寻井冈山的好茶，井冈翠绿。

恰逢阴雨天气，井冈山好冷。我只带了短袖T恤，一口气穿了三层。身上感觉好些了，胳膊还是被冻满鸡皮疙瘩，坚持一下吧。

今晚，按原计划住在了火车站附近。

夜里，已无到站火车，车站前的街道没有了白天的喧闹。

在街角一家不大的小吃店吃了一碗江西米线，直接睡了。

昨晚打听好了，早晨6点火车站开往茨坪的公交车就开始发车了。第二天起了一个大早。

公交车从站里开出时，车厢里空空荡荡。没多久沿途开始不断上来很多操当地口音，精神矍铄的老人，以老太太居多。她们都腿脚利落、叽叽喳喳、欢声笑语、声音洪亮，一看便知身体非常好。看来，井冈山的山水很养人。

一路都在丛山峻岭间蜿蜒、起伏穿行，走了一个半小时。

茨坪的街道很热闹，餐饮等配套服务很齐全，也有各色的酒店，比井冈山火车站的酒店多而全，下次再来，下了火车就直接赶到茨坪住下，第二天还可以睡个懒觉。

火炬广场，也叫南山公园，位于茨坪镇南面。

山脚下是毛主席故居。进山口有一组红军雕像，雕刻技术皆称上乘。沿山路上行，经过著名五大哨口，黄洋界、八面山、双马石、朱砂冲、桐木岭，凝视片刻，依稀能听得到曾经激烈的枪炮声、喊杀声……“山下旌旗在望，山头鼓角相闻。敌军围困万千重，我自岿然不动。”

山顶鲜红的火炬，演绎着薪火相传的主题。站在那火炬下放眼四周，重峦叠嶂、云雾腾蔚、竹海茫茫、一片葱翠。井冈的雄、奇、险、峻、秀、幽尽收眼底。

虽已出了太阳，雄劲的山巅之上依然有几分凉意。

这井冈山就是冬长、夏短、秋早、春晚。

下山没多远，隔着挹翠湖，红军南路上就是井冈山博物馆。丰富、翔实的展品，足以带你身临其境，重温峥嵘岁月。

累了，想茶了。路过了几个茶楼都关着门，还好，挹翠湖岸边有一个惬意的小茶肆。

井冈翠绿，得名于产地井冈山，得名于茶的翠绿色泽。

井冈山山高岭峻、云雾缭绕，竹木茂盛、雨水丰沛，自然条件优越，适合培育茶树的“翠”感。

不仅“翠”，且“餐六气而饮沆瀣兮，漱正阳而含朝霞。保神明之清澈兮，精气入而麤秽除。”

曲卷如钩、
细嫩鲜爽，
清透醇香，
翠绿多毫。

井冈山翠绿茶，源于石姬茶的传说。

石姬，玉皇大帝的一名侍女。

石姬随玉皇大帝出游四海，途经井冈山时，不慎将玉帝的茶杯打碎，盛怒之下的玉帝将石姬贬入凡间。

石姬在井冈山采山岚之精华，集云雾之瑞气，精心栽培出翠香之茶，这便是井冈翠绿的缘由。

中午赶上了 K2386，花了三个半小时回到南昌。

这段时间累了，决定第二天在南昌休息一天。

夜色中的赣江静谧、温和，江岸那清澈之气洗涤得身体也清透了几分。

昨夜下了一夜的雨。

清晨，赣江又有着烟雨江南的惆怅。

今天决定什么也不做，偷得浮生半日闲，就是品江、品茶。

“殷勤昨夜三更雨，又得浮生一日凉。”

40.赣州通天的茶

赣州、章江、贡水在此汇成赣江，“赣”由此得名。

赣州有保存完好的孤品、珍品，宋代古城墙；有贡江之上100多支小舟相连而成，传统气息浓郁的宋代木浮桥——惠民桥。

宋代不是中国历史上最强盛的朝代，却是文明与文化发展异常繁荣昌盛的阶段。

著名的史学家、江西修水人陈寅恪说过这样一段话：华夏民族之文化，历数千载之演进，造极于赵宋之世。

“郁孤台下清江水”似乎映衬着“慧风”“慧云”那一场生命的舞蹈……

“子规声里雨如烟”。

通天岩位于赣州城郊，从市区宋代古城墙到通天岩有七八公里。出租车司机是一位头发已有些花白的老师傅，喜欢聊天，他告诉我，小时候学校组织他们从城里徒步来这通天岩郊游，还要带着一天的水和干粮，很辛苦。

这种经历对于现在的孩子来说，无异于天方夜谭。

这就是通往天际的石门。一路山势并不陡峭，石阶平缓，通天之路原来如此平和、静寂、轻松、淡然。或许通天之路本该如此。

隐于丹霞地貌与古树成林中的唐宋石龛群、历代摩崖石刻，被誉为“江南第一石窟”。在风化、侵蚀、崩塌、溶蚀等自然作用下，城堡、石柱、石塔、峰林等神奇地质巧夺天工。

我对摩崖石刻却有些狭隘看法，历代凿石刻壁的摩崖石刻固然有很多让名山大川添光增色，但若发心非正，却也让自然山川黯然失色。很多的古石刻，应该是有些人想以这种方式与这石壁共同永生吧。

这个世界上哪有什么不朽的东西？

梭罗不是说过：“一个国家锤锤打打的石头，大部分后来不过变成了墓碑，它活埋了自己。”

这个世界也有不朽的东西，比如天上的皓月。

这个世界是无常的世界，但无常的世界也有恒常的存在，想感受这个存在，首先要忘了自己的生生灭灭。

首先到了巨石横空的忘归岩，布满了摩崖石刻的翠微岩、同心岩，然后便是核心景观通天岩。

唐代末期开凿的虽然古老却仍栩栩如生的八尊菩萨；北宋中期开凿的神圣而庄严的文殊、普贤菩萨以及规模宏大的五百罗汉；北宋晚期开凿的气势恢宏的十八罗汉；南宋时期开凿的通天石窟最后的绝唱，弥勒佛……

石峰环列如屏，
巅有一窍通天。

明代杰出的思想家王阳明曾在通天岩参悟、讲授心学。

1506 年，王阳明给自己做了一个石头棺材，然后整日待在石棺之中。

一个风雨交加之夜，猛然间一道闪电闪过，随着惊雷乍响，王阳明突然从石棺中坐起，大彻大悟。

他仰天长叹：“圣人之道，吾性自足！”

由此，王阳明提出心学基本思想“心即理”“致良知”“知行合一”。

“心即理”，心外无物，“向之求理于事物者，误也。”

“致良知”，跟随自己的良知，勿以利为驱动与指引。

“无善无恶心之体，有善有恶意之动，知善知恶是良知，为善去恶是格物。”万事万物内在运行趋向应是为善去恶。

“不动心，不烦恼”“只求力所能及”，正是人生哲学的真谛！

难怪王明阳留下了遗言，“此心光明，亦复何言。”

王明阳曾讲授心学之地，一定要品石城通天寨的通天岩茶。

通天岩茶实属绿茶，条索紧实，色泽润绿。茶气有质感，似有骨，并有一种类似奶油的独特香气。

相传妙石仙人所创，又称通天仙茶，悠久历史。

《石城县志》载：“谓县南十五公里通天岩有异茶，善制者往往携囊就采制，清芬淡逸，气袭幽兰，绝胜宁芥赣储。”

“宁芥”，宁都林芥茶；“赣储”，赣县储山茶。

在通天之地通天岩，悟了通天心学，品了“通天仙茶”，真的要一窍通天了。

茶，是大自然慷慨的馈赠。与茶的交融之中，形成对世界、对生命独立的思考，以达自由致远，是茶独有的魅力。

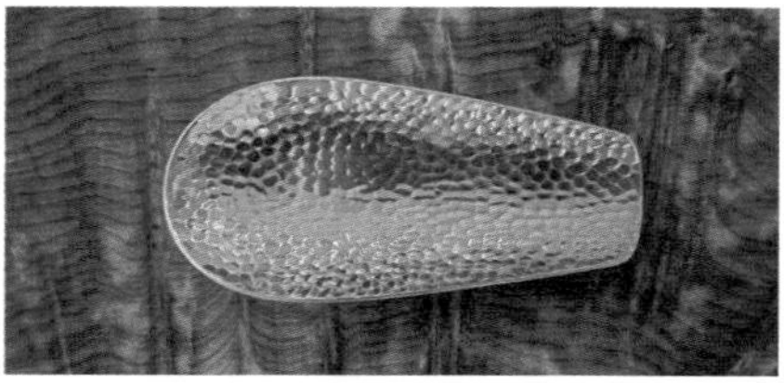

意外得到一个银质茶则。

茶则，传统茶器，茶道六君子之一。

则者，量也，准也，度也。

我倒不是为了度量，我的投茶量还是依据不同的茶性选择自己最习惯的适己量。我是为了泡茶前拣茶，拣去可能混入的杂叶及制作过程中因不同原因所混入的品质不好的个别茶叶。这些茶中杂质的混入，是不可避免的。

我不是矫情，不拣出它们，不仅有损茶味，更会有损赏茶的美好心情。这也是对茶的尊重。

赣州在中国革命的历史中，也留下了浓重的一笔。

于都，红军长征的起点。

就是这个渡口，红军开始了伟大的二万五千里长征。

高铁车窗外的丛山峻岭，依然记录着曾经的峥嵘岁月。

41.景德镇简单的茶器

剑，古代武士的标配，也是君子正气凛然的化身；茶器，自古则是茶人品性的象征。

对于茶人而言，茶器如书生手中的笔，武士手中的剑。

爱茶之人必然向往景德镇。

从南昌到景德镇北站高铁要两个半小时，不远但也不近。

下了高铁，按原计划去御窑。看瓷器自然应该看窑，还是明朝专为皇室烧制瓷器的御厂。当地出租车司机却竭力推荐了三宝陶艺村。好吧，听你的。

这个三宝村还是有些偏远，出了景德镇的市区，位于一片大山脚下。远远望去，三宝村被称为世外“陶”源，还是有着几分出世的感觉。

出世是出离，不是出逃；是放下，不是放弃。

村里村外散落着很多简单而古朴的瓷器作坊，或应称之为原生态工作室，这倒合我的心意。其中匠人，都是不慌不忙、不喜不怒，完全融入了泥土之中，已然忘却了自己是谁。

最美的生活，是贴近生命本质的生活，是放下深刻，放下自我，返璞归真，简单自然的生活。人的品位积累、提升到了一定阶段，必然会走上返璞归真之路。

而且放下深刻，才能放下自我。真正懂得并接受这一点，需要一颗慧心。人生是一个深入浅出的过程，经历深刻却不能永远停留在深刻之中，要清浅而出，回归自然平和。

始终处于深刻状态，负重前行的自己太累，太沉重；爱你的人也太苦，太压抑。

谁的人生都应是自在飞花轻似梦，不应是无边丝雨细如愁。

想起泰戈尔说过的一句话：“一个过于爱护自己的人，就是自取灭亡的人。”

不言己是，不言人非。一花一世界，一叶一菩提。

几乎隐于深山之中的民居吸引了我。

走了很久一段时间，不累，但想停在一个地方，身与心都停留些日子。细细赏器品茶，独自在这清风徐徐，溪水潺潺的世外“陶”园放逐自己就是一种出世。

要有一颗出世之心，定期与凡尘拉开一段距离，让自己的心灵休养生息。发发呆，禅定几日，管住身体，管住自己的心；放空身体，放空自己的心。心，管得住，才能放得下。

识心方能达本；明心方能见性。

景德镇还有个好去处，陶溪川。这里是景德镇瓷器创计、制作、交流、展示基地，一定要去赏心悦目品玩一番。

红砖建筑设计有着独特的艺术气息，各种独具匠心的瓷器创意作品目不暇接。

最先吸引我的却是一个做工笔画的清秀女孩。

全然忘却一切的专注好似有一堵无形的墙，将她与周围的喧闹隔离。相信她的内心一定安然而平静，富足而丰盈。

好久，女孩终于放下了手中的画笔。

应该是专注得太久，她用力揉搓着手指，满脸、满眼都是意料之中的满足与幸福。

“画得不错。”我由衷地称赞。

“不过传承些祖先的东西而已。”

“艺术就是延续祖先的骄傲。”

最后，我选了一对简单，甚至有些拙朴的花瓶，打算带给远方同样爱茶的她。因她喜欢插花，喜欢随时随地给自己一个“小园林”；因她喜欢自然天成的未凿之朴，也同样喜欢那句“万物之始，大道至简”。

茶器不仅限于茶壶、茶杯、茶海、茶则，花瓶也是品茶时很好的配合器物。品茶，原本就是一种澄怀之举，也需营造品的环境与氛围。

感性对待美好事物是一种能力。总是用理性对待万事万物，感性能力便会因你弃而不用，渐渐地退化，最终，这种能力就找不回来了。

焚香、插花，皆是清欢，清淡中的清欢。

焚香、点茶、挂画、插花被称为风雅宋人的“四大闲事”，这“闲”，是闲适，是雅趣，是内心对美好的向往。

而茶道、花道、香道，中国传统三大雅道也是相通相融。

对花的感受，我与她的品性是一致的，自然之美不应如火如荼地热烈追求，而应润物无声地温暖赏爱。插花是很恰当地一种赏爱方式。

她喜爱花瓶插画，我曾戏言她：“但须著个胆瓶儿，深夜在，枕屏根畔。”

而她回我：“小楼一夜听春雨，深巷明朝卖杏花。”

我喜好茶器，却非刻意追求风雅之人，也很少买茶器。

我认同一休禅师所言：“喜好奇珍异宝，嗜好酒食，或者建造茶室，在庭院之中的树石间游戏，都违背了茶道的意愿。”

如苏东坡所言：“君子可以寓意于物，而不可留意于物。”

我的茶具并不很多，基本都是结缘而来。

我已有一把珍贵的景德镇茶壶。

说它珍贵，不仅因为价格。

多年前，曾在北京老友，老沈处偶遇过一把景德镇茶壶，是他的客户所送，还未拆封。老沈并不怎么喜欢茶具，又恰巧临近春节，他也知我素来喜爱茶事，便一定要送我。

“你看都不看一眼就给我，不合适吧？”

“我不喜欢这些麻烦玩意儿，你拿走是帮我！正好春节也不用给你送礼了！”他随意地调侃着。

过了一段时间，一天夜里，有些失眠，突然想起那把茶壶，便拆开把玩。

仔细看了看，觉得品相有些不一般。

上网一查，竟标价 8 万。

虽然已夜里两点，我还是发了一条信息给老沈：“这回你亏大了，记得你送我的那把茶壶吗？ 8 万块！”

没想到他竟秒回：“这就对了！正好你喜欢，在我的手里就白瞎了这好东西！”

粗言糙语中透着率直与真挚。

天色渐渐晚了，将暗未暗，陶溪川模糊了。

不多一会儿，清风徐徐，月已当空，四下里又清晰起来，但也多了几分清寒。

江西 10 月的夜风已有了凉意，有些累了的我选了一个中意的位置，开始安静地喝茶。

江西有好茶，江西人称之为“一红四绿”。

一红，自然是修水红茶。四绿，分别是庐山云雾、狗牯脑、婺源绿与浮梁绿。

白居易的《琵琶行》中提过“商人重利轻别离，前月浮梁买茶去”。浮梁，就是现在的景德镇。

浮梁有红茶、绿茶。

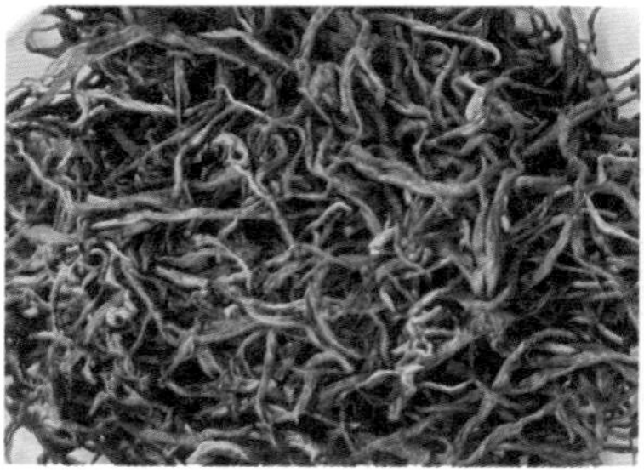

浮梁绿茶，是一种针状茶，当地人称之为“浮瑶仙芝”，清亮、清香，有明显的兰花香。

“一场秋雨一场寒”的日子，适合暖暖的浮梁红茶。色泽乌润，有一股独特的荔枝之香，很暖，很贴心。

和着茶香的茶烟飘飘袅袅，扶摇而上，绵绵不绝，实在是自在逍遥。平日里的匆忙消失了，追赶消失了，纷杂也消失了，甚至周围的声音都消失了。

时间在茶香中停滞了。

我不会沉空守寂，但我会不断删减尝试之后确定并不适合自己的人生节目，只留下最适合自己的功能、意义与乐趣。

42.抚州文昌里穿越的茶

从福州到南昌的高铁，一路都在山间穿行，很多黑压压的隧道。一旦有了光亮，一定能看到铁路两旁散落山林的茶园，煞是养眼、养神。

到了抚州站，突然决定下车。按计划，今晚到达南昌西站即可，这半天的自由，完全属于我。

跳下高铁，是为了抚州的云林茶。这可能是我最后一次走福州到南昌的线路，最后一次路过抚州，不想留遗憾。

抚州，王安石、汤显祖等人故里，被称为“才子之乡”。

到了才子之乡，自然要去文昌里。

文昌，文脉昌盛，“文昌在斗而北，谓主抚州”。

先拜明代著名文学家、戏曲家汤显祖故里，汤家山。汤氏墓群葬着书香门第汤家多代文人。我最钟情的依然是汤显祖，因为《牡丹亭》。

“情不知所起，一往而深。”

《牡丹亭》又名《还魂记》。

官宦千金杜丽娘为梦中牡丹亭情郎柳梦梅伤情而死，香消玉殒后化为魂梦，演绎了中国古代版的人鬼情未了。

最终，感天动地，起死回生，终成眷属。

神话故事不仅唯美，而且慰人，但不知人间判官面对这般爱情，又会如何决断？

是否如阴曹地府判官那般有人情味地网开一面？

而人间，似乎逼着杜十娘怒沉百宝箱的“李甲”越来越多。反正蒲松龄笔下《聊斋》里的鬼，可比人更重情、深情、痴情。

“梦短梦长俱是梦，年来年去是何年。”

爱，就是一场梦，跨越时空的梦，跨越人鬼的梦。

横街、三角巷、竹椅街……古巷古韵、古香古色，文昌里穿越味儿十足。

古老而传统的手工艺，木雕、竹编等绝不是国内很多所谓的古街、古镇那挂羊头卖狗肉的伎俩，真的是匠人现场制作，让你真切地体会心灵手巧、独具匠心。

抚州也有茶。山清水秀、云雾缭绕的云林源，抚州的传统名茶云林茶，采于浮云之中、翠林之间、高山之巅，香气如同春兰初放时高雅、清幽。

云林茶有人工种植茶与野生茶之分，当地人更偏爱野生茶，被本地人称为，最像春天的茶，且价格也不高。

当然，无论选什么茶最应该取悦的是自己的感受。

就像有的人特别在意穿着，出门时总觉得有无数双眼睛在审视着自己，甚至丈量着自己，评头论足着自己。其实，哪有什么人，什么目光那么关照你？即使有又怎样？自己感觉舒服比别人的目光重要的太多了！

不是人间香味色。

很多人喝了一辈子茶，却始终不知茶为何味，如孔子所言“人莫不饮食也，鲜能知味也”。

茶为何味？草木之味，自然之味。

无生灭者，名为自然。对于整日圈在钢筋水泥中的都市人而言，茶，就是春天自然清新的泥土之味。

就像读书，读的是书卷之气，天地之趣，而不是为了所谓的博学多才，增加可以炫耀的谈资。《楞严经》中佛告阿难：“汝虽多闻，如说药人，真药现前，不能分别。”

在文昌里品云林茶又是何味？露天古街，随意坐在竹椅街编的颇具年代感的竹椅上品云林茶，就是一种神奇的时光穿越，品出的就是生死难离的情义之味。

云林茶亦可醉人，不知茶醉之后会不会有杜丽娘般痴心、痴情的女子飘然而至？

友人说“早已过了做梦的年龄”，我不同意。

做梦还要限制年龄吗？如果连梦都不敢做、不能做，那么活着才是真的没有了任何意味。

43.萍乡武功山的玉叶茶

这座比我的年龄还要大两岁的纪念馆，翔实地记录了中国历史上那场伟大的工人运动。

这枚纪念币中的形象，毛泽东去安源，在曾经的岁月里，几乎人人熟悉。看着已经有些陌生的画面，不知不觉被带回到四五十年前的岁月。

萍乡还有一座不同凡响的山，武功山。

武功山，原名武公山，因晋代武氏在此修炼得名。

陈武帝赐名武功山。

武功山，跨萍乡、宜春、吉安三地。山势巍峨雄伟、风光旖旎秀美，峰、洞、瀑、石、云、松、寺皆备，有着“一湖、二泉、五瀑、七潭、七岩、八峰、十六洞、七十五里景”之称。被誉为“江南三大名山之一”“庐首衡尾武功中”。

武功山最绝妙的是十万亩高山云端草甸、红岩峰瀑布群，以及有着一千七百多年历史的金顶古祭坛群。

注目这块许愿石。

我们都曾许下心愿，实现了多少？

不管年轻时的梦想是否实现，我们都应该向那些曾经美好或许稚嫩的梦想致敬，因为单纯、干净的美好曾驻我们心间，尽管是在很多年以前。

武功山与众不同之地，仰望星辰的帐篷营地。很多年轻人成双成对来此露营，我戏称这里是私订终身的山盟之地。看着他们未经世事，干净、清澈，对未来充满着憧憬，对情感充满虔诚的目光，发自内心感叹：年轻真好！年轻的情感真美！

自己的心也被这些年轻的灼灼的心，烫热了几分。

想起了十几年前，曾受托在北京给刚入职的年轻员工上过一堂公开课，题目就是“仰望星辰，脚踏实地”。

“仰望星空，是为了播下思考的种子。”

当时的场景历历在目，我想那些年轻人大多已成家立业，为人父母了。十二年，真的像光一般轻易便划过了。

始建元代的紫极宫，俗称中庵，道家风水宝地。

“大道无形，生育天地；大道无情，运行日月；大道无名，长养万物。”

“夫人神好清而心忧之，人心好静而欲牵之。常能遣其欲而心自静，澄其心而神自清，自然六欲不生，三毒消灭。”

“所以不能者，为心未澄，欲未遣也。”

追求财富，是为了成为财富的主人。我们可以不鄙视财富，但绝不能成为财富的奴隶，卑贱地被财富所奴役、愚弄。故，“君子使物，不为物使。”以道制欲，周乎万物，应变无穷；以欲制道，心为物转，神为心役。

《论语》曰：“君子怀德，小人怀土；君子怀刑，小人怀惠。”

《荀子》曰：“君子以德，小人以力。”

但莫小视君子，以为懦弱。“君子于仁也柔，于义也刚。”

当地人采野生茶树制作红茶、藤茶，自然生态，茶形粗粝，口感与我的习惯并不十分吻合，浅尝即可。

武功山生态环境良好，很适合茶树生长。

武功玉叶，富硒富锌。

口感自然而纯正，无丝毫的苦涩味，虽不很知名，也算得毛尖珍品。

44.龙虎山的紫茶

今天，很早起来。清清爽爽地洗了澡，把一夜积累的污垢冲洗干净，整个人包括心都清澈、轻松了几分。

《礼记》曰："儒有澡身而浴德。"

美好的一天从"清"开始。

出门，发现楼下几朵小花不知什么时候已悄悄开了。

当下的人，包括很多时候的自己，对地球另一端发生的事了若指掌，对身边的人和事却置若罔闻。因为，那些是琐事，不值得关注。

那些看似稀松平常的琐事，才是一个人真实的生活，真实的情感，那些琐事组成了一个人真实的人生。

今天，我要去江西鹰潭的龙虎山。

龙虎山，典型的丹霞地貌，景致独特。

龙虎山，东汉正一道创始人张道陵曾在此炼丹，据说“丹成而龙虎现”，因而得名。

龙虎山称为“中华道都”。龙虎天师府，又称嗣汉天师府，道教正一派祖庭。自东汉道教创始人张道陵在此炼九天神丹起，张氏计六十三代子孙承袭，历经一千九百多年。

关于道，《远游》曰：“道可受兮，不可传；其小无内兮，其大无垠；无滑而魂兮，彼将自然；壹气孔神兮，于中夜存；虚以待之兮，无为之先；庶类以成兮，此德之门。”

道家的智慧，集中体现在静、慢与柔。

“静”，致虚极，守静笃。万物并作，吾以观复。

“慢”，孰能浊以静之徐清，孰能以动之徐生。

“柔”，上善若水，专气致柔，柔弱胜刚强，守柔曰强。

人生到了一定的阶段，就应该主动“守静”“守慢”“守柔”；就应该主动熄灭曾经以为的耀眼光芒；就应该主动去体味光阴的故事里厚重而深沉的味道。这是一种人生的蜕变，这种蜕变是人生的智慧，是生命的升华。

“居善地，心善渊，与善仁，言善信，政善治，事善能，动善时。夫唯不争，故无尤。”

孔子也说过，“少之时，血气未定，戒之在色；及其壮也，血气方刚，戒之在斗；及其老也，血气既衰，戒之在得。”

宗教，都讲求“忏”，龙虎山的道法尤讲“拜忏”。

拜忏就是忏悔。

“忏”，忏除我们过去的业障；“悔”，悔改未来不再造诸多业障；“忏悔”，就是我们至诚恳切在神明前忏悔反省，由神灵天尊的慈悲摄受，历代天师赦罪宽宥。

正视过去的罪业，从而获得灵魂的清净解脱。通过拜忏，释出心中不散的原罪，还自己一片澄澈的真空妙有。

忏悔也是宽恕，使自己在忏悔之后得到心灵的宽解。

关于道，我最推崇这一句：“同于道者，道亦乐得之；同于德者，德亦乐得之；同于失者，失亦乐得之。”

我要用这句话来护佑我的人生。否则，荒兮，其未央哉！

明代《天皇至道太清玉册》记载：“老子出函谷关，令尹喜迎之于家首献茗，此茶之始。”

老子曰：“食是茶者，皆汝之道徒也。”

茶道，融合了传统的儒释道东方哲学与智慧。

以茶悟道，以茶入静，以茶养生，以茶喻丹。龙虎山道家“精、俭、敬、德”的茶文化，就是道文化的诠释。

传统的中国茶分为，黑白黄绿红青，此外，还有一种稀有品种，紫茶。陆羽《茶经》曰：“阳崖阴林，紫者上，绿者次。笋者上，牙者次。叶卷上，叶舒次。”

紫茶最突出的特点是花青素含量较高。花青素有抗辐射、抗衰老、抗氧化的功效。龙虎山产道家紫茶，用于天师道文化崇尚自然，调理身心，和合贵生，辅仙佐道。

龙虎山紫茶产于深山，露水滋养，草木仙骨，属地道野茶。紫茶条索紧实，紫黑油润，茶汤紫亮，玫瑰花香。

品道家之茶，要品“道之出口，淡乎其无味，视之不足见，听之不足闻，用之不足既”的天道自然之味。

龙虎山道家紫茶，诠释着舍术而求道，舍末而求本的自然道性，品者养身养性。

学道、修道、悟道，首先要明白什么是“道”。

“上士闻道，勤而行之；中士闻道，若存若亡；下士闻道，大笑之。不笑不足以为道。”

关于“道”，我常会研磨这一段：“故失道而后德，失德而后仁，失仁而后义，失义而后礼。夫礼者，忠信之薄，而乱之首。”

我的个人认知：礼貌不等于尊重，温柔不等于贤淑，施舍不等于善良，给予不等于付出。也就是“君子不器”。

以心赋形，凡事要追本溯源，看本质、发心。比如文明，是走向天道自然，而不是走向被现代化包裹着的野蛮；再比如尊重，是一种自然本质的文化属性，礼貌很多时候是一种程序化的刻意状态。

最后，还是感喟，“知不知，尚矣。不知知，病也。”

45.黄山宏村的太平茶

“一生痴绝处，无梦到徽州。”

不管明代的汤显祖是为了避开“金银气”，还是什么其他原因，写下了这两句诗，古徽州，黄山西南山麓下古意盎然的画里乡村——宏村，的确不负这个“痴”字。

南湖春晓、书院诵读、月沼风荷、牛肠水圳、双溪映碧、亭前古树、雷岗夕照……宏村就是一幅徐徐展开的水墨画卷。

第一次来，却有种重逢之感，或许梦里已来过了太多次。

宏村，就是一座徽州古民居博物馆。

宏村，还是一个文化底蕴深厚的古村落。

临着一湖碧水，水天交映下，黛瓦的粉墙内仿佛传出前朝朗朗的读书声。湖畔南湖书院，始建于明朝，是当时六所私塾“依湖六院”在清嘉庆年间合并而成，取名“以文家塾”。

古徽州被誉为“程朱阙里”“文献之邦”，自古崇尚教育，“十户之村，不废诵读”“远山深谷，居民之处莫不有学有师”。徽商“贾而好儒”，他们捐资兴学、藏书刻书、修方志、邀讲学，徽商雄厚的经济基础推动了徽文化的形成与发展。

安徽一个朋友曾对我说：“安徽人教育子女与其他经济发达地区不同，不管家境怎样，也不管孩子自己的意愿如何，一定要孩子先读完大学，再走向社会。什么时候赚钱不重要，读书，才是安徽人自古以来最重要的事。”

黄山脚下的宏村，给人印象最深的就是一片太平祥和。

太平之所，也产太平祥和之茶，黄山脚下的太平县，出产中国传统名茶，太平猴魁。

猴魁，因产于猴坑，茶农王魁成所制之茶最佳而得名。

太平猴魁，两叶抱一芽，当地人称为“两刀一枪”。成茶扁平挺拔、苍绿隐红，部分主脉呈暗红色，俗称“红丝线”。

“猴魁两头尖，不散不翘不卷边。”

这尖茶极品是我认为形态最特别的茶。

冲泡后，干茶徐徐舒展，龙飞凤舞，滋味甘醇、兰香浓郁，投茶量大也毫无苦涩之味。

清而不淡，是安徽茶共有的特点。

品太平猴魁，品古徽州一片太平安宁之味。

第一泡，香气高扬，茶味清淡；第二泡，滋味立显浓郁，俗称“猴韵”十足；第三泡开始，渐渐转入绵长的幽香。

把酥酥脆脆的酥饼作为品饮猴魁时的茶点，又是一种怀旧的太平烟火味。

这就是胡适先生认为的徽州人成功的“国宝”。

每到一处，喜欢和当地人聊天，接触最多的是出租车司机。

“你不觉得我们黟县，这个‘黟’字好奇怪吗？”

我知道来历，但不想拂了他的意，便请他说说。

“黄山，原来叫黟山，山下这个地方便因山得名，所以叫黟县。黟，‘黑’‘多’，是因为黄山山体大部分是黑色。后来被唐玄宗改了名，才叫黄山。”

“我觉得，黄山应该叫‘太平山’，才最恰当！”

46.歙县古老的茶

到了歙县，做过导游的出租车师傅告诉我，“歙”字只有一个用法，歙县地名。“歙”，一人、一口、一羽、一反文，意为人口如羽毛一般众多，同时，喻指此地崇尚人文。

可我还知道它在《道德经》中另一个读法与意义，“将欲歙之，必固张之”。歙，有收紧的意思。

歙县城西棠樾村有著名的古牌坊群。

这牌坊群可不像余秋雨所说的“不少人喜欢到这里聊天，看白云，听蝉鸣，传闲话”那般轻松惬意。

让人一眼就心生沉重之感，禁不住沉思许久。

现存七座古牌坊，依次巍峨耸立入村大道上。

七座古牌坊，都有各自的故事。

先说“贞”。“矢贞全孝坊”。建于清乾隆四十年（1752），“立节完孤”四个字记录了汪氏自二十五岁丧夫至四十五岁病故，二十年孤灯寒影、昼夜辛劳、守节完孤、凄苦一生的故事。

有感人至深的“孝”。“鲍灿坊”，建于明嘉靖年间。鲍灿年迈母亲余氏，两脚溃烂，多方求医无效。鲍灿为了治好母亲的病，昼夜用嘴吸吮母亲的脚伤处，直至母亲痊愈。

这些牌坊，不仅记载了鲍氏家族的显赫与尊贵，也刻下了封建社会孤儿寡母的血泪与痛苦，封建制度的虚伪与残忍。

祖籍歙县的陶行知先生曾写道:“童养媳偷了一块糖吃要被婆婆逼得上吊。”

当然，棠樾石牌坊群也称得上古徽州石材建筑艺术存留的不可多见的珍品。印证了沈从文说的一段话：一个民族在一段长长的年份中，用一片颜色、一把线、一块青铜或一堆泥土，以及一组文字，加上自己生命做成的种种艺术。

歙县还有个古老的特产——砚台。歙砚，四大名砚。

今晚得闲，尝尝徽菜。徽菜有些独特，比如毛鸡蛋，我是碰都不敢碰。毛豆腐吃起来有点奶酪的感觉，臭豆腐和长沙的口味很像，臭鳜鱼可是我的最爱。

到了古徽州，一定要去徽州古城。

古徽州，秦始皇元年即设黟、歙两县。唐大历四年（769），歙州领六县，奠定了一州六县建制历史。北宋宣和三年（1121），改歙州为徽州，下辖有歙、休宁、婺源、祁门、黟、绩溪六县。清康熙六年（1667），江南省分为江苏、安徽两省，安徽二字便取自安庆、徽州各一字。

“规模宏敞，面视雄正”的徽州古城，是明朝嘉靖年间为抵御倭寇入侵而建，之后，徽州府衙与歙县县衙合璧。

徽州古城中新建了一座古徽州博物馆，值得一看。

从西汉“衣冠南渡”到唐安史之乱的“北民南迁”，再到宋“靖康之乱”中原民众南移，这是中华民族传统文化的跋涉与迁徙，避难与传承，也由此奠定了徽文化的基础。

大山深处仙人磨茶园，出产自然生态的歙县茶。

滴水香，甚是清香，一闻便知为氨基酸含量很高的高山茶。

顶谷大方，又叫老竹大方、竹铺大方，扁平茶类的一种，扁平光滑、暗翠微黄，外形与龙井几乎一模一样。

当地人称，闻名遐迩的国茶龙井，其制作工艺源于大方茶。扁叶大方茶由明代隆庆年间大方和尚创制于县南的老竹林。

大方茶的外形尽管与龙井几乎无异，但香气还是不同。

龙井是豆香，顶谷大方是板栗香，茶气低于龙井，口感也平和、温润几分。制作工艺也有很大差别，顶谷大方炒制前，要先用植物油均匀地涂抹锅壁，龙井则无此工序。

不管谁先谁后，谁大谁小，这古老的江南产茶区，古老的大方茶如同古老的徽州，走过滚滚历史烟尘，依旧熠熠生辉。

对了，为什么叫“顶谷”大方？

两个意思，第一，说明此茶采于自然条件优越的山顶之谷，是高山茶；第二，标志此茶品质最高。

高山之巅，日照充足，茶树的光合作用也充分；同时温度较低，茶树生长相对缓慢，利于积累养分；植被丰富，还便于茶树吸取自然之气；此外污染程度相对较低。

还意外遇到一种特别的茶，绿牡丹。

首先，此茶外观非常特别。干茶看起来就像一朵黄绿隐翠的菊花，冲泡后叶底依然成朵，如盛开的牡丹，极具鲜活美感。

其次，制作工艺也很特别。是以两三片茶芽扎制成花形，之后定型并烘烤而成。

此茶不仅以赏“花”为题，品酌口感也佳，尤其清甜回甘。

47.大别山的兰香茶

大别山，横亘安徽、湖北、河南三省。

大别山的茶，最大的特点就是兰花香。

岳西县的翠兰，舒城县的小兰花，泾县的汀溪兰香。

桐城小花，产于大别山东南麓的龙眠山，兰花、兰草相伴生长，具有大别山茶的独特兰韵，冲泡后形似兰花，故名“小花”。此茶明代即为贡茶，与桐城有着一样的悠久历史。

桐城小花色翠汤清，兰香甜韵，有着安徽绿茶共同的特点，清而不淡。

“大小二龙山，连延入桐城；山尽山复起，宛若龙眠形。”

龙头在桐北，称为龙望山；龙尾在老关岭，称作龙舒山；中段为龙窝，是龙的休眠之地，故，称作龙眠山。

桐城小花，便产于这龙眠山麓，龙眠河畔。

康熙四十年，张英告老还乡，在山居的日子里，入龙泉寺品家乡龙眠茶，惊叹：“须试龙眠第一茶！”

其子，宰相张廷玉盛赞龙眠茶“色澄秋水，味比兰花”。

清代康熙年间的六尺巷，诠释着中华民族传统的“礼让”文化，也为桐城添了几分复古、怀旧的意味。

千里家书只为墙，
让他三尺又何妨。
万里长城今犹在，
不见当年秦始皇。

东作门、凤仪坊，左忠毅公祠里那幅“俸薄俭亦足，官卑清自尊”的对联，都传承着桐城的传统之美。

徽州，是传统儒释道文化沉淀深厚，又独具如宗族文化、村落文化、民俗文化、建筑文化、戏曲文化、教育文化、徽商文化等地方特色文化之地。

扬子江北，大别山东，古称桐国，现为桐城。

上下数千年，沧海桑田；纵横百十里，玄圃阆风。

“天下文章出桐城”，桐城自古就是“文都”。

桐城派，又称桐城文派，桐城古文派，因其主要代表人物均系桐城人，故得名。

桐城派秉承了程朱道统，尊崇秦汉及唐宋八家文统，自成体系，把古文引向了自然淳朴、清正雅洁之路。

桐城派崛起于康熙年间，衰微于民国初年，绵延二百余年，归聚作家1000余人，创立了系统丰富的散文理论，留下了汗牛充栋的传世作品。

其中代表人物为姚鼐及姚门弟子，曾国藩及曾门弟子。

姚鼐在方苞、刘大櫆文论基础上提出“义理、考据、文章”和“阳刚”“阴柔”之说，使桐城派的文学理论臻于完善，成为桐城派集大成者。曾国藩私淑姚鼐，强调“经济致用”，被誉为桐城派中兴之主。

桐城文化博物馆详尽记录了这段历史。

桐城崇文重教，学风浓郁。明清时期，桐城中进士 240 人、举人 640 人、贡生 509 人，有着“五里三进士，隔河两状元”“文章甲天下，冠盖满京华”的美誉。

桐城民风，重教崇文，穷不丢书，垂为家训。

尽管桐城派的人物出身官宦、书香世家，但并非富裕家庭，留给后人的不是丰厚的物质财富，而是珍贵的精神遗产。

奉“忠厚为本”“读书好古”“清贫自守”为圭臬。

姚莹说：“家德所传，独先世遗书而已。先世虽或仕于朝，官于四方，独无余禄，以给子孙，及莹之身益困，常惧坎坷，不能自立，以坠先人之业也。”

桐城遗风是令人微醺的情怀，如桐城小花茶般兰香高洁，悠绵馨人。人在桐城，如干茶投入了水中，慢慢地舒展开来，就连呼吸都舒畅了很多。

48.宣城的敬亭绿雪茶

宣城，一个历史文化悠久、传统气息浓厚之地。

在我眼中宣城有三宝，宣纸、敬亭山与敬亭绿雪茶。

宣城，中国的文房四宝之乡，宣纸、宣砚、宣笔、徽墨皆出自宣城，唐天宝年间，宣城的纸、笔即为贡品。

泾县，这次是来不及去了，宣城博物馆应该有相应介绍。

到了宣城博物馆，不巧，今天闭馆。

全国的博物馆不都是周一闭馆吗？今天是周二啊？

我是专门避开周一来的！

一问才知道，周一中秋节放假，周二调休。晕！

旁边的宛陵湖虽是人工湖，景致倒也不错，人很少，天气也凉快，很适宜散散步。

这种人文小城的确宜居。

博物馆对面是宣城市图书馆。

外观看起来如错落有致的书架，很有韵致，让人想起一句名人名言，天堂应该是图书馆的模样。反正上午没有其他安排，就这儿了。我还是一叶扁舟划入书海深处吧。

宣城产历史名茶。陶渊明《续搜茶记》记载："晋武帝时，宣城人秦精入武昌山采茗，负茗而归。"

敬亭绿雪，绿茶的珍品，创制于明代，与黄山毛峰、六安瓜片并称安徽三大名茶。此茶色泽青翠、形如雀舌、白毫似雪、清新可人。冲泡后，茶叶朵朵徐徐下沉，随之白毫纷纷飘落，如绿荫丛中雪花飞舞，故而得名。

敬亭山皆是
这种茶园，
果茶间种，
就产绿雪。

相传，敬亭山有一个美丽的采茶女叫绿雪，每次采茶前她都要用鲜花沐浴，然后用唇一片一片采摘。

难怪，这敬亭绿雪不仅有茶的清香，还有少女的幽香。

让我的绿雪，
为我泡一杯绿
雪茶。

慢慢地，能品得到阳光、雨露、风雷、泥土，甚至品得到小鸟的爪痕，嘴啄叶留下的味道，还有林间鸣叫的声音……

仿佛在皑皑白雪中悠然漫步，用我们的双脚踩出一条没有任何人和我们争抢，只属于我们两个人的路。

只想与你骑马仗剑走天涯，览遍河山，品透茗香。

对了，因敬亭绿雪极其清淡，一定不能用沸水冲泡，否则会有些许苦涩，辜负了它淡雅如雪的气质。

第三宝，便是“相看两不厌”的敬亭山了。

敬亭山，属黄山支脉，林深壑幽，山泉淙淙，云雾弥漫，青翠灵秀。以诗、茶、佛、酒四绝闻名。

我与那一千两百年前的诗仙李白对着的可是同一座山景！

此山最出名的当属李白的《独坐敬亭山》，“众鸟高飞尽，孤云独去闲。相看两不厌，只有敬亭山”。

这似乎与“仰天大笑出门去，我辈岂是蓬莱人”“十步杀一人，千里不留行。事了拂衣去，深藏身与名”那洒脱、疏狂的“诗仙”极不相称。

鸟“尽”，云“孤”，李白借这敬亭山表现了旷世的孤独，我却要幸运得多。李白是“花间一壶酒，独酌无相亲。举杯邀明月，对影成三人”，而我“花间一瓯茶，相酌亦相亲。举杯邀明月，月羡凡间人”。

49.泾县汀溪澄静的茶

笔墨纸砚，在传统与习惯上称为“文房四宝”，而在风雅宋朝则称为“文房四友”，文人特殊的朋友。

这个朋友为什么特殊?

它们自古就是文人抒发心性最佳的载体。爱恨情仇、苦乐年华，纸上一览无余，即使千年之后依然暗香残留。

文房之宝之力还可让人澄静下来。

“沉寂名空，摇动名尘”，沉，方能“澄”。

“澄”，这个字像极了一个成熟的男人。

“澄”，这个字让我想起了余秋雨的一段文字：

“成熟是一种明亮而不刺眼的光辉，一种圆润而不腻耳的音响，一种不需要对别人察言观色的从容，一种终于停止向周围申诉求告的大气，一种不理会哄闹的微笑，一种洗刷了偏激的淡漠，一种无须声张的厚实，一种并不陡峭的高度。”

人生分为三个阶段，从自然中走来；步入尘世；回归自然。

前后两个“自然”，既相同又不同。

相同在于，都是“纯粹”的“自然”。不同在于，前一个自然是不知不觉间的自然而然；后一个自然则是已知已觉后的顺其自然。就像白纸，一张崭新得从未涂抹；一张已经擦去了所有字迹，也是空色，但留着印痕。

当然，很多人到了第二个阶段就停下了脚步，心甘情愿地永远留在了尘世繁华之中，也就是知而未觉。

宣纸，光洁如玉、质地绵韧、不蛀不腐、墨韵万变，用以题字作画，层次分明、墨韵清晰、骨气兼蓄、飞目生辉。誉为“纸中之王”“千年寿纸”，是名副其实的国宝。

怀着对中国传统文化的朝拜之心来到宣纸之乡，泾县。

藏在大山深处，有个非常棒的宣纸文化园，总算了结心愿，补了上次在宣城的遗憾。

烟雨笼泾川，山泉洗草檀。春去秋来，风霜雨雪，流传了千年的古老技艺，传承着不朽的华夏文明，延续着连绵的民族血脉，百炼成宣纸。

宣纸与艺术的融合，成就了数不清的千古佳话。

汪国真写道：“青檀树花开的时候是我的生日，青檀树生长的地方，也生长诗……青檀树上是北方的土地，青檀树上是南方的风。青檀树里，有我生长的影子。”

宣纸，是泾县人民在历史的创造与传承中，汲天地之灵气创造的独特的中华文明；是心灵手巧、吃苦耐劳的泾县人民将人与自然完美融合的结晶。

伴随着中国传统的书画艺术以及文书典籍源远流长，宣纸拥有了无限的生命力；那一张张洁白细腻的宣纸，都因它不屈、不腐、不损、不移，而令人心生敬意。

这里还可亲手体验传统工艺制作宣纸。体验，才是最真、最美的感受。

带了两把宣纸的折扇做纪念。

退休老工人，退翁为我题宣纸折扇上的文。
还是有着几分磅礴之气，
借此赏泾县人文之德。

和宣纸的匠人们度过了愉快的半天，准备走了。

“下次多带几个朋友一起来，一个人旅行多没意思啊！”

产业园内一个开朗的大姐与我道别。

“一个人的旅行才有意思呢！”

今天，我的确很开心。不仅遇到了宣纸，还遇到了很多和我一样喜爱宣纸，传承传统文化的普普通通的人。

传承，不仅是历史的需要，也是情感的需要。

追求财富、地位、声望的过程中，必然会沾染铜臭之气，让灵魂不可避免趋于卑贱、下作。而嗅着纸香、墨香，会让人放下很多东西，让心一片澄静。

择一事，终一生。

所谓平庸的一生未必就不是幸福的人生。

中庸之道，天命之谓性，率性之谓道，修道之谓教。

对于具有中国传统人格的文人而言，幸福是价值观一生的选择、践行与坚守。对于每个人而言，幸福与否，只有在夜深人静的时候，自己知道。

到泾县，一定要去汀溪，因汀溪就是宣纸上的水墨画卷。

汀溪也有让人澄静下来的茶，汀溪兰香。

扬州八怪之一的汪士慎赞它“不知泾邑山之涯，春风茁此香灵芽。”我却觉得郑板桥那首“兰草已成行，山中意味长。坚贞还自抱，何事斗群芳。”更合兰香之品。

汀溪兰香，绿茶类尖茶，古时称白云兰片。

汀溪兰香自是它的特点，清秀的绣剪外形亭亭玉立，煞是喜人，尤其独特的是，还有一股淡淡青草的乳香。

汀溪兰香之茶味，不需细细品，只需让这兰香、乳香自行在味蕾中润泽地弥漫，所带来的澄静之感便是心灵的快乐。

快乐，是一种选择。你选择了快乐，你的人生就应该一直快乐下去，无论遇到怎样的境遇，都无法夺取、偷走你的快乐，因为快乐藏在你的心里，只要你知道它在，它就一直在。

现在的人，对于自己的心，一面在拼命撕扯外界的束缚，不肯忍受哪怕一丝一缕；另一面又拼命编织为自己设置的防护，唯恐有任何闯入者。

完全应了“作茧自缚”这句成语。

让澄静的传统文化，澄静的纸香、茶香，慢慢地松开我们那颗捆绑、束缚的心，让我们安然、安宁。

人穷尽一生所努力的事，本质上就一个：提升自己对生命的理解力。

生命的本质到底是什么？

生命的意义到底是什么？

理解生命是一个过程，而不是结果。

理解过程中的思考与践行，就是生命的过程。

50.绩溪空谷幽香的茶

近代著名思想家、教育家，满腹经纶、学贯中西，被称为“自由的行者”，胡适的故里便在毗邻汀溪的绩溪。

胡适手书“努力做徽骆驼”，温和待人、温驯致远如骆驼，恰是胡适其人真实写照。
描述骆驼，最恰当的词应是任重道远吧。

那首温馨小诗，“我从山中来，带着兰花草，种在小院中，希望花早开，一日看三遍，看得花时过，急坏看花人，苞也无一个”成了流传很广的清新小歌、小调。

这首白话文小诗，也充分体现了胡适所倡导的“活”字。不用“死文字”而用“活文字”写出“活文学”。

沈从文还教过他年幼的儿子学这首小诗。

胡适一生致力教育救国与白话文推广，被誉为新文化运动的主要领袖之一，而他自己却觉得“惭愧无地”。

关于白话文的推广，他如是说：“想怎么说，便怎么说；怎么说话，就怎么写。”

胡适，这个安徽人却提出了用新的文体来代替安徽人引以为豪的旧的桐城派、鸳鸯蝴蝶派文体，足以证明先生人格中的刚直与纯粹。白话文的推广，克服了传统文言文为显示才学而辞藻堆砌、矫揉造作、华而不实的文化积习。对当时整个社会文化的进步产生了广泛而深远的影响。

“一个人没有自由的权利，又不负责任，即使可经历许多好玩的事，可以暂时高兴，心里也不会感到真正的乐趣，因为他们的人生完全由着别人的安排发展着、进行着，那样的生活是奴隶的生活。”

“国无海军，不足耻也；国无陆军，不足耻也！国无大学，无公共藏书楼，无博物院，无美术馆，乃可耻耳。”

在我看来，胡适就是一个纯粹与执着的书生。

这句话无谓褒贬。

胡适一生追求自由、民主、法治、人权，但他性格温和，反对暴力，倡导以英美改良之路救国，因此颇受争议。

他专注学术、教育、文学，不谈政治。同一时代的陈独秀要唤醒中国青年的思想，推翻腐朽的统治，两位知己必然出现芥蒂。陈独秀批评胡适所做的一切不过是一场“滑稽剧”。

就连以笔为矛的鲁迅也对胡适进行了无情的批判。

或许胡适的好友，时任教育部长的汤尔和，对胡适的评价更准确：“胡适口中的世界与他所在的世界是不同的。而胡适始终怀着将两个世界拉拢一起的妄想。”

我个人觉得，胡适身上所具有的中国传统文人的温良之品，才是他真性情的体现。

这种真性情也体现在胡适的爱国情结之中。

1938 年，胡适被任命为驻美大使，致力于争取美国对中国抗日战争的支持。他写给妻子信中言及此事，“我 21 年做自由的人，不做政府的官，何等自由。我做到战事完结为止，战事一了，我就回来仍旧教自己的书。”

从不涉足政治的胡适从政这件事看得出，他的身上还有着中国传统士大夫，以天下为己任的情怀与情操。

品质，是一个人面对世界，面对他人，面对自己时的价值取向与精神力度。

品品胡适故里的茶吧。雾海云天、花草吐香的绩溪有一种名茶，金山时雨，原名金山茗雾，创于清代道光年间。

做工非常讲究，
汤色清澈明亮，
滋味清新醇爽，
花香高长持久。

金山时雨有两种茶形，发髻形与兰花形。

发髻形如发髻紧结，兰花形如兰花绽放。

绩溪的人，绩溪的茶，绩溪的气息，都温雅、澄静而诗意，如温馨兰花。

君子如兰，空谷幽香，无人自芳。

观茶、赏茶、品茶、悟茶，实是一种自然美学。

51.千岛湖透明的茶

我始终都会在卧房放一两本书。

早晨醒来，轻轻下床，以免惊醒晚起的她。

洗漱完再轻手轻脚地回到她还睡着的房间，靠在离她不远不近，窗前的榻上看书，等她醒来。

并不会时不时看她，只是静静地看着喜欢的书。

今天看的是余秋雨的《霜冷长河》。

“不孤注一掷，不赌咒发誓，不祈求奇迹，不想入非非，只是平缓而负责地一天天走下去，走在记忆和向往的双向路途上，这样，平常中也就出现了滋味，出现了境界。”

“秋风起了，芦苇白了，渔舟远了，炊烟斜了……”

不知过了多久，听到她发出了轻微的动静，我知道，她快醒了，便合上书，开始柔软地看着她。果然，不一会儿，她的小脑袋动了动，然后，睁开了仍然还惺忪的眼睛。我走过去，趴在床上，把脸靠近了她的脸，并不真的贴着……

早晨等她起床的时光，是每天最幸福的时光。

与子偕老，莫不静好。

人的本性是孤独的，因而对于爱的渴望与需要是必然的。

如果得到了爱，那是福报，要珍惜；如果付出了爱，对方接受，也是福报，更要珍惜。

起床后，我俩共同的习惯，一壶茶，接下来一整天都通透明朗、神清气爽。何况在千岛湖的茶园。

我喜欢千岛湖的绿茶，银针与玉叶，今天的千岛湖，应该更适合玉叶。

千岛玉叶的外形很像龙井，它的名字原来就叫千岛龙井，后来，为了区别，命名为玉叶。千岛玉叶与大多数绿茶一样，翠绿润泽，鲜爽通透，回甘绵柔，叶底如花。

湖边草屋，竹床竹榻，陶泥壶瓯，一壶千岛玉叶。茶香在四下里稠缛弥漫，陋室也是霞缛云烟一片。

闭目慢慢调整呼吸，一点儿也别着急，让呼吸渐渐平缓，直至对呼吸无觉。就这样平心静气、无意无色地感受“云霞”萦绕的声音，这声音像一只轻轻暖暖的小手，真的能把你的心抚得糯糯软软。

纯出清雅，粹出自然。原来，纯粹的茶味也是有声音的。

这是一个被千岛湖玉叶茶的纯粹织成的网，筛去了浮躁、焦虑、期盼、深刻，筛得几乎透明的早晨；这是一个不动声色便已将纯粹渗入心灵的早晨。

让我们一天一天源源不断地在心里存储美好，当日后遇到苦难的时候，这些积蓄的美好比钱财更有能量，帮助我们抚慰心灵，平和心态，安稳度过。

日透月明的千岛湖，我与她也透明了，不附着任何的伪装与修饰，全然透明地示人、示己。

有时，沉默着陪伴却是最默契而深情的情感交融。

不记得在哪本书里看到过这样一番话：两个真正相爱的人能够安适地沉默相处。否则，一定不是真爱。

一起倾听自然的声音，原来，自然不仅可以用手去触摸，用眼睛去欣赏，还可以用耳朵去倾听，微风吹拂树叶的声音，小鸟欢快的声音，湖水荡漾的声音……这不是奏鸣曲，是透明、寂静的声音，是真正的天籁。停留在这片透明、寂静之中，可以感受到自己真实的存在，感受美好真实的存在。

似乎每一份情感都会经历魔法黑森林，无可避免。但是，我相信，我们定能成功穿越。因为我们都有一颗具有领悟力与修复力的心，无论遇到了什么样的黑森林，都不会转身离开。

真实的爱是安全的，会让人时时安心。

我想，我们会肩并肩一起看落日余晖，对坐一起安静地嗅茶的香气，牵手一起走过铺满落叶的山间小径，挨着身子一起做一餐喜欢的烟火小食……我们会一起做很多很多平凡清淡的小事，一起很久很久……“一起”就是我们的幸福与快乐。

其实，在爱情中，你最享受的是你自己的状态。对的爱人会让你认同的自己的状态越来越好；错的人会让你不断地质疑对自己的认同，你的状态、你们的状态必定会越来越糟糕。

因此，彼此让对方越来越好，是爱的源泉。

完全被私心俘获的人不可能得到爱，因为他们的心里只有自我，只关注自己得到与否。他们只有欲望。

在这千岛之湖，心想，每个人都应该有一座岛屿，一个被海峡隔开，远离大陆的只属于自己的岛屿。疲惫不堪时，就把自己放逐在这个岛屿之上，整理意念，整理身心，让自己重新充满信心、充满正念、充满气血，重新微笑前行。

可能会有人说，天天这样看茶园、品茶味有什么意义？

接近美好，感受美好，就是人生的意义。

只有明白了生命是一种奇迹，只有具备了这样的生命态度，才可能真正懂得如何对待自己的生命。

梭罗说过："放弃那些并不属于真实生活的部分，以免你在生命终结时，发现自己从来没有活过。"

这透明的茶，透明的情，就是最真实的生活。

每个人的人生成败判别标准不是别人，而是由自己设定的。

自我评价一下，我的人生圆满无憾，因为有爱。

我要把爱一直记录下去，记录生活中每一次触动的印记，体会这触动，感受这触动，这平凡、平静中的微微触动已成了我生命围城的出口。

52.绍兴柔软的茶

隐隐泛着青绿的绍兴，总是有一种柔软的味道。

烟柳小舟，流水花灯，诗词吟吟，伊人依依，绍兴的时光总是那般柔软，若是又遇到了梅子黄时雨，细如发丝的绵雨，配着石阶上的青苔，桥壁上的雨痕，房檐角摇曳的雨线，绍兴，更加柔软得让人迷醉，还伴着些怅然。

雨是情人柔软的泪，雨声是情人柔软的低吟。

诗言志，词缘情。

绍兴最柔、最软的应属沈园陆游、唐琬的《红酥手》。

红酥手，黄縢酒，满城春色宫墙柳。东风恶，欢情薄，一杯愁绪，几年离索。错！错！错！……

世情薄，人情恶，雨送黄昏花易落。晓风干，泪痕残，欲笺心事，独语斜阑。难！难！难！……

醉虾、醉鸡、豆腐、河鱼，绍兴传统的菜肴也透着清淡、温馨、可人、柔软的味道。

这柔软让绍兴的时间比寻常的世界慢了很多……

绍兴的柔软足以接纳并溶解人的一切伤痛与忧愁。

绍兴的茶同样柔软。伴着绵柔细雨，茶香至柔至软。

执着，通常会因惯性演变成偏执；偏执很可能会自我强化成为麻木不仁；不仁者何以自觉？无觉则无明。

故，柔软是开放的前提条件；开放是智慧的通达之路。

人与人之间的不同不仅在于生活环境、经济条件，最大的不同在于意识与认知，在于心灵的状态，开放或封闭。

心灵的那扇门，只有柔软才能轻轻叩开。

智慧缘于慈悲，慈悲源于智慧。这是佛陀的开示。

无论智慧还是慈悲，都是柔软的力量。柔软，能让一个人更加包容与被包容，从而触到这个世界的本相。

会稽是绍兴的产茶区。

“两浙之品，日注第一”，欧阳修所赞的日注茶，指会稽平水的日铸茶。

日铸雪芽，又称“兰雪”，产于会稽山日铸岭，以御茶湾所产为最佳。此茶创于北宋，当时盛名远扬，广受追捧。

日铸雪芽，条索纤细弯曲如花蕾，银毫毕现，滋味鲜醇，汤色透亮，栗香持久。

此茶还有一个颇值得骄傲之处，改历史沿袭传统蒸汽杀青制茶工艺为炒锅杀青。

“千岩竞秀，万壑争流，草木葱茏其上，若云兴霞蔚。”

自然风光旖旎秀美；“蝉噪林逾静，鸟鸣山更幽。”“静”与“幽”指的也是这中华九大名山之首——会稽山。

没想到，如此至柔至软之地竟出如此之多铮铮铁骨之人。

绍兴的茶园，会稽山，上古治水英雄，三过家门而不入，开创华夏基业的圣祖大禹，封禅、娶亲、计功、归葬之地。

“披九山，通九泽，决九河，定九州，各以其职来贡，不失蹶宜。方五千里，至于荒服。”孔子赞曰：“吾无间然矣。”

那卧薪尝胆，三千越甲可吞吴的越王勾践也是会稽人。

为推翻千年封建统治而牺牲的鉴湖女侠秋瑾说过“拼将十万头颅血，须把乾坤力挽回”，她说到做到了。

“秋风秋雨愁煞人”，1907 年，革命失败，秋瑾拒绝离开绍兴，从容就义于绍兴轩亭口，年仅三十二岁。

鲁迅故里，品《三味书屋》，品花雕与茴香豆，还品中国文化革命主将，没有丝毫奴颜媚骨的最硬的骨头。

“我翻开历史一查，这历史没有年代，歪歪斜斜的每页上都写着‘仁义道德’几个字。我横竖睡不着，仔细看了半夜，才从字缝里看出字来，满本都写着两个字是‘吃人’。”

原来，越柔和的东西越坚定，人如此，茶也一样。

绍兴历史上有诸多名人的印迹，西施、谢灵运、贺知章、王献之、陆游……近代蔡元培、秋瑾、鲁迅、周作人、竺可桢、陶行知……还有最受国人敬仰与爱戴的周恩来总理。

绍兴的文化踪迹实在让人目不暇接，数不胜数，岂是一次寻茶之旅可以品透，品尽。

就连“中华行书第一帖”，《兰亭集序》还未及探寻。

绍兴，定要再来。

53.丽水古堰画乡的香茶

丽水，浙江南部群山环绕之中一个默默无闻的小城，称为“浙江绿谷”。越是默默无闻之地，越易隐着仙味，因神仙不屑喧嚣，因世外仙境少人惊扰。

延绵悠长的八百里瓯江，恰是秀山丽水，山水浙江的缩影。其中，有一个清秀如画之地，古堰画乡。

古堰，指的是505年的通济堰；画乡，指这里是中国巴比松风景画派的绝佳采风之所。

巴比松画派，主张在自然之中对实景写生，而不是在画室之中闭门创作。这种印象主义画风反映了该流派厌倦都市生活，渴望回归自然，呼吸自然芬芳，描绘自然风情的心灵愿景。

巴比松画派通过对枫丹白露的森林与巴比松乡村自然景致的刻画，追求精神的绿洲。

相比绘画，同行的仙女更偏爱诗词。

“诗，是心灵发出的声音，是超越生命的情怀。”

“诗是无形画，画是有形诗。诗画是相生的。”

古堰画乡的悠悠山峦、潺潺江水、漫漫江雾、闲闲鱼儿、江中渔火、一叶小舟、古街小巷、江岸亭阁、枯树码头……

皆可安然安放自己的心灵。

无波无浪、安稳流淌的江水更具有一种坦荡的魅力。

你可以像河里的石头，就静静地停在那儿，什么也不做，什么也不想，管他四季变换，只需风轻云淡，心远地自偏。

“秋日薄暮，用菊花煮竹叶青，人与海棠俱醉。”

身边的仙女如是说。

“在烟中腾云过了，在雨中行走过了，什么都过了，还能如何？我想，此时若林清玄在此，必当弃酒烹茶。”

我却这样认为。

虽说每个人都是独立的个体，需要独立的自我空间。但也需要相融，完全纯粹的融合，比如当下。这种相融包含着柔软、慈悲的护佑，护佑对方、护佑着自己。

就像一双互相抚摸的手，一只不可能离开另一只。

这种相融是对生命温暖的救赎。

丽水，三国时期就已开始产茶。现今仍是著名的绿茶之乡，青田御茶、缙云鼎湖茶、松阳银猴、景宁惠明茶、庆元沁园春、遂昌龙谷丽人、龙泉凤阳春茶……皆是品质极好的绿茶。

世界绿茶看浙江，浙江绿茶丽水香。

丽水的绿茶都可统称为丽水香茶，一个“香”字，蕴含着纷纭众香，清香、馨香、醇香、逸香……

漫漫江水前暗自思量，与这江水相比，谁的人生不是短暂一瞬，“日月忽其不淹兮，春与秋其代序”。能向这个世界要的东西并不多，却可以不同。海明威笔下的老渔夫，只有大海，只有小木屋；而我，只要茶，只要爱。

两岸竹树参天，芦苇荡漾。岸边与仙女相对而坐，只一杯香茶，便可闲心对绿水，清净两无尘。

不同心态下泡出的茶，感受是不一样的。当你焦虑不安时泡出的茶会苦涩；当你心境安宁时泡出的茶会清柔，很神奇。

其实，认真专注于自己喜欢的事物，再平凡的东西都能够带来美的神奇感受。因为，喜欢与专注可以让自己欣喜，由此越来越欣赏自己；喜欢与专注本身就是幸福。

我们需要用欣赏与专注的心态去看待遇到的每个人与物，心态变了，眼前的人与物也变了，你自己也变了。

变得能温暖自己，温暖别人。

茶香中，我们找回了原本那个质朴、纯粹、干净、透明的自己，那个有着孩童般心灵的自己。

当下的美好终会渐变成美好的回忆，若有一天，当你作为故事的主角定会重新从回忆中拾起已远去的那些美好；依然会期待日后的美好。但回忆，似乎更美。

夜，渐渐来了。“朝搴阰之木兰兮，夕揽洲之宿莽。”华色褪尽的夜颇有几分《楚辞》的味道。

何况，还有身边“晴夜遥相似，秋堂对望舒”的“望舒”。

月上柳梢头，人约黄昏后。

“乘醉听箫鼓，吟赏烟霞。”当然，醉人的不是酒，是茶。

不烹一杯香茶，何以入眠？
就把时间优雅地浪费给茶吧，
“围坐红炉唱小词”，
这种浪费，很美。
茶香袅袅，很容易，就把我们
送入了梦乡。

人生不一定要谱写华彩的乐章，但至少应该有属于自己的一段曲调，可以在黑夜来临前的黄昏，独自吟唱。

54.扬州悠闲的茶

烟花三月下扬州，我晚了一个月。

错过了烟，没错过花。

瘦西湖，园林之盛，甲于天下。

“青山隐隐水迢迢，秋尽江南草未凋。二十四桥明月夜，玉人何处教吹箫。”

湖水、杨柳、画舫、庭院……活脱脱一幅水墨画卷，扬州透着浓浓的悠闲之味。

悠闲，是一种智慧。借用佛家的词，放生。放下执念就是放生自己。那些烦恼，任它去，由它留。

“无事是贵人，但莫造作，只是平常。”

有时，人是靠着轻浅而不是深刻活下去的。

这种悠闲的智慧同样在郑板桥的“难得糊涂”中透出。

“春韭满园随意剪，腊醅半瓮邀人酌……原上摘瓜童子笑，池边濯足斜阳落。”看得出郑板桥是悠闲的高手。

其实“聪明难，糊涂尤难，由聪明转入糊涂更难。放一著退一步，当下安心，非图后来福报也”。

《列子》曰："善若道者，亦不用耳，亦不用目，亦不用力，亦不用心。自然者，默之成之，平之宁之，将之迎之。"

扬州八怪，扬州历史文化鲜明的代表。

扬州兴于汉，盛于唐，至清代康乾时期，由于位于长江和运河的交汇处，交通便捷，物资丰富，经济繁荣，思想活跃，人文荟萃，加之地方官吏崇尚文化，盐商行养士之风，促进了扬州文化的蓬勃发展，各地文人墨客、书画名流纷纷云集扬州，"扬州八怪"应运而生。

我最喜欢郑板桥，喜欢他画笔之下的竹、兰、石，"四时不谢之兰，百节长青之竹，万古不败之石，千秋不变之人"。

绝大多数的人都对故乡的茶有着根深蒂固的眷恋，扬州人恋当地老字号绿杨春。

绿，汤色翠绿，叶底嫩绿；
杨，自然寓意扬州之茶；
春，采自阳光明媚的春天。

绿杨春属小叶茶，叶片如兰，玲珑剔透。其香是一种板栗香气，纯正而持久。

清汤绿水绿杨春，适合悠闲品酌。

处悠闲之所行茶，更应有仪式感，以从容、端庄、内敛、谦恭、温暖、关切之仪与式交流茶事。

尊重茶，尊重茶道，尊重茶人。

行茶过程中还要注重“止”，止念，不要思考、交流任何与茶无关的事物；尽量止语，制心专注于茶。

止语，还是一种能量蓄积方式。莫轻易开口，以免让自己内在的能量轻易流出，流逝。

这种止语所蓄积的能量，是一种柔软而笃定的力量。

淮扬菜，中国传统饮食文化重要代表之一。

蟹粉煮干丝、狮子头、松鼠鳜鱼、桂花糖醋里脊，还有那名扬天下的扬州炒饭……充分展现了“平中出奇，淡中显味”的淮扬人文特性。

“春有百花秋有月，夏有凉风冬有雪，若无嫌事挂心头，便是人间好时节。”这便是“骑鹤下扬州”的悠闲味道。

“天下三分明月夜，二分无赖是扬州。”

好一个“赖”字，把扬州之慵懒与悠闲表现得活灵活现。

我也在扬州“赖”一赖，许与烟花，不疾不徐。一切凡尘皆将如尘土般沉落于瘦西湖，一切皆归于沉寂。

55.常熟的虞山白茶

常熟，江南福地，因“土壤膏沃，岁无水旱之灾”得名。

湖堤垂柳、燕雀呢喃，常熟的湖光山色实在有灵气。

待到林鸟归巢时，虞山的林间静极了。

树木的枝叶茂密得遮蔽了星空，山脚的夜比其他地方黑暗得多，几乎看不清对面她的面孔，不远处的路灯却格外耀眼，路灯影印下影子也更加清晰。风清月凉的月光下，她指着地上两个贴近的身影动情地说：“两个身影靠在一起，多好。”

抬头看了看天空，星星好像也在彼此依偎着，耳鬓厮磨着，窃窃私语着我们也能听懂的情话。

感情是一项挑战，就像心理学家说的，即使你出色到无懈可击，甚至使出浑身解数，灾难仍有可能降临。因为，感情的成功不仅取决于你，还取决于你的伴侣。如果历经了命运诸多打击后仍感到快乐，意味着你的感情成功了；如果拥有很多的成功仍感到沮丧，意味着你的感情失败了。

在我看来，爱，是一种自然，一种本能，一种用心。源于自然的本能，用心愉悦彼此的身心，滋养彼此的生命。

有些话，不能用嘴巴讲，而应该用眼睛去说。

此时此地，我要对她“说”：“我爱你。”

一个人经历不同的生命阶段，会表现出不同的生命状态，但对生命的基本态度要保持一贯性与完整性。

我对生命的基本态度：爱。爱这个美丽的世界。

“山光悦鸟性，潭影空人心。万籁此俱寂，惟余钟磬音。”写的就是美丽的虞山。“十里青山半入城”指的就是虞山。

虞山，俨然一副古意深远的宋画。

虞山好像就是常熟，常熟好像就是虞山。

虞山特别的土质出产一种特别的茶，虞山白茶。

虞山白茶，采用虞山的白茶鲜叶制作。

这“白”茶并不是六大茶类所指的白茶，如福鼎、政和的白茶，而是绿茶。因鲜叶白化，故称白茶，是按绿茶工艺加工而成。与那安吉白茶的“白”异曲同工。

此茶因鲜叶的特殊性而保留了丰富的茶多酚，不苦不涩，异常鲜爽。

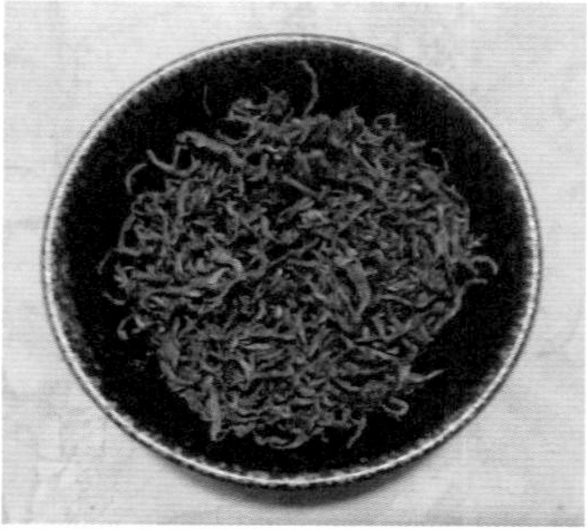

虞山白茶，汤色清亮，桂花清香，飘逸清冷，冲泡后轻薄叶片如翡翠水中飞舞，一杯茶蕴含满满的诗情画意。

房间的后院，一夜落满了花瓣。

常熟的落花如常熟的水，轻慢柔软，无丝毫凄冷。

这个美丽小院隐藏的秘密，除了我和她，无人知晓。

只有窗外探过头的一枝木槿是唯一的见证者。

常熟有着悠久的历史，也是吴文化的重要发祥地。

吴文化、吴越文化、吴氏文化，中国的原始文化之一。

吴姓始祖，让位于弟，隐居荆蛮，吴仲雍的墓庐即在常熟虞山。“一时逊国难为弟，千载名山还属虞。”

吴文化也是江南文化的源头。

江南，鱼米之乡，环太湖所形成的吴文化、江南文化与水、田密不可分。渔歌、船歌、田歌，村歌，歌声荡漾，踏浪而来。

“吴歌”，就是古代吴地的民歌民谣。这种民间文艺就是具有浓厚民族与区域特色的吴文化的重要表现形式之一。

其中，常熟的白茆山歌，被称为“吴地一绝”。

有耕作歌、节令歌、传说歌、车水歌、张网歌、织布歌、采桑歌、绣花歌……当然少不了情歌，自然清新的白茆山歌，以特有的歌谣形式抒发东方古老而细腻的情感，描绘江南独特的水上农耕生活，传颂令人向往的民间传说故事。

“阿哥哎，水田里么一片水汪汪哎，阿妹哎，秧苗苗么长勒得土方浪哎，赤则个脚么撩起小脚膀哎……”

“诗者，志之所之也。在心为志，发言为诗，情动于中而形于言，言之不足，故嗟叹之；嗟叹之不足，故永歌之；永歌之不足，不知手之舞之，足之蹈之也。”

中国传统的诗词文化，皆源于古老的歌谣，如《诗经》，最早就是沃野之下，天籁自鸣、口口相传的歌谣，后来才经由文字流传下来，后人奉之为“经”。

“关关雎鸠，在河之洲，窈窕淑女，君子好逑。”

这“关关”，就是二鸟相和的叫声。

“黄鸟于飞，集于灌木，其鸣喈喈。”

多美的歌谣，古老而悠然。

我最喜欢那首《子衿》。

“青青子衿，悠悠我心。纵我不往，子宁不嗣音？青青子佩，悠悠我思。纵我不往，子宁不来？挑兮达兮，在城阙兮。一日不见，如三月兮。”

颇合眼前这江南温婉风韵。

人类情感表达的起源大概都是如此，自然面前抒情歌唱，天人合一。

凡是能流传的都是发自内心的真实情感的表达，何况流传千年的歌谣。

56.赤壁羊楼洞的砖茶

疫情开始至今还是第一次去湖北，多少还有些惴惴不安，实在忍不住茶香的诱惑，还是去了。

长沙到赤壁，高铁只需一个小时。

从赤壁北站到羊楼洞古镇的路上，遇到一大片茶园，郁郁葱葱，煞是可爱。

蒙蒙谷雨无约而至，茶叶的嫩尖开始慢慢舒展，像张开嘴的小鸟，尽情地吸吮着雨露，那雨水想必是甜的。沾着雨珠的鲜叶显得格外的精神，看来茶叶本身也是有心情的。

看得出，它们的心情不错，我的心情也不错。

这勃勃生机让人感照到自己的生命力也鲜活起来，有力地搏动、跳跃。

与无声生命之间的交流更纯粹，更透彻，更接近心灵。

羊楼洞，“砖茶之乡”，唐代便已种植茶树；宋代以砖茶为硬通货币与蒙古进行茶马交易;清代与沙俄订立《恰克图条约》，开启了欧亚万里茶路，“洞茶”由此走遍天下。

羊楼洞古镇，始建于明代，已有四百多年的历史。

到这羊楼洞，为了两件稀罕物。

第一，青石板街。

松峰山下明清古街2200米，皆以青石铺面，古香古色。岁月没有彻底抹去所有的痕迹，应该是想让这个世界多一些亲切的怀旧之味吧。

两旁都是别有淳朴韵味的茶庄，主人并不怎么吆喝生意，就是静静地享受着清宁。偶有挑担农夫走过，也是悠然自得。

观音泉水潺潺流过，吟诵岁月之歌。

这就是羊楼洞的味道。

不管这里曾发生了怎样的故事，眼前这一条条骤雨初歇后泛着青绿的石板路，本身就是一个个故事，诱着你忍不住走向它的深处，一点一点去摸索，去探寻。

第二，便是这青砖茶了。

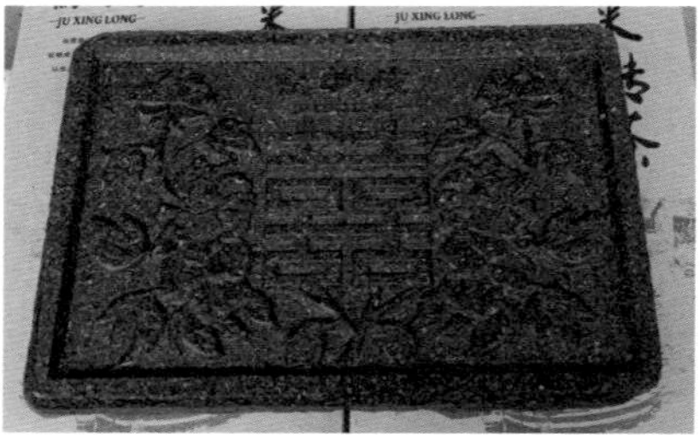

羊楼洞青砖属黑茶。著名的黑茶有四川康砖、广西六堡、湖南茯砖、陕西茯茶、湖北青砖等。

羊楼洞青砖又称“川字茶”“湖北老青茶”“洞砖”。

之所以称“川字茶”，因茶面印有“川”字商标；之所以称“老青茶”，因年份越长口感越佳；称“洞砖”，自然取自于“羊楼洞”“砖茶”。

羊楼洞青砖最佳的品饮方式是熬煮，方能品得独特的醇厚滋味，枣香、药香、菌香、粽香……众香纷纭。

青砖以老青茶为原料，经蒸压制作而成。茶色青褐、茶硬如石，茶汤澄红、浓酽醇厚，经久耐泡、回味长久。

青砖按制作工艺分为面茶与里茶。

面茶制作比较精细，需要经过杀青、初捻、初晒、复炒、复揉、渥堆、晒干等许多道工序；里茶较粗老，只需经过杀青、揉捻、渥堆、晒干四道工序。

按等级分为：洒面、二面、里茶三个等级。洒面（一级茶），以青梗为主，底部略带一些红梗；二面（二级茶），红梗为主，顶部略带一些青梗；里茶（三级茶），全部为红梗。

到羊楼洞才知道，还有米砖。

“青砖”与“米砖”。寻常人一眼很难分清。

米砖，是一种紧压红茶，即红砖茶。之所以叫“米砖”，是因此茶全部由小如米粒的红茶压制而成。有当地人告诉我，当初英国人尤其喜爱红茶，羊楼洞出口英国的红砖茶上便打了英国的“米”字国旗，由此得名并流传至今。

羊楼洞的茶如今做的也十分人性化，制成巧克力式小块，容易掰开，无须茶刀等专业工具。

温和、纯香，还有淡淡的糯米味，米砖口感同样极佳。

羊楼洞石板街不仅有数不清的茶庄，还有雅致的书店。

我认为，读书最主要的功能并不是获取知识，而是修性，修正心性。看书，能让一个人心生美丽的花朵；不看书，心里会不由自主地杂草丛生，渐渐一片荒芜。

书的内容几乎无法改变一个人的认知，但可能启发一个人的灵性。这种灵性比认知更重要，可以让人自主地开发自己的觉悟，觉知与悟性。

关于读书的滋味，贾平凹先生说的非常有趣：“几日不吃肉满口中仍是余香。”

《世说新语》中郝隆日中仰卧晒书更加有趣。

我虽非贾平凹、郝隆般满腹经纶，但书对我而言亦可饱腹。

读书，就像是“聆听”来自千百年前的谆谆教诲，就是与先贤的一次跨越时空的用力握手与心灵拥抱；抑或是与当代的知音轻声细语的娓娓而谈。

雨后小镇，干净如洗。一壶青砖，一本老书，休憩身体，滋养心灵。

这世间哪里还有比茶、比书更慰人情感、抒发情怀之物。

时常会觉得有一双无形的手在扼制着我们。这双手会扼住我们的腿脚、手臂，捂住我们的眼睛、嘴巴，甚至会按住我们的思想、心灵……殊不知，这双手是从自己的心里长出来的。

书与茶，可以让这双手慢慢松开，让你自由地行走、触摸，看到真实的世界；让你对心爱的人说出最想说的话；让你透彻思考，平复那颗动荡不安的心。

或许，我们置身的世界是一个虚幻的世界，用书与茶浸润的世界才是真实的世界。因为，只有进入了这个世界里，我们才可以真实地哭，真实地笑。

“闭门既是深山，读书随处净土。”

“深山”“净土”就在身边，只要你愿意“闭门”，愿意“读书”，随时随地皆有，即使闹市，亦能隐于茶香、墨香。

“此殆有至乐，难令俗子知。”

57.天津民俗中的茶汤

到天津工作，纯属意外中的意外。天津的五个月，是工作最辛苦，也是体验最惬意的一段时光。

天津的早餐很有特点，也是天津卫独特的民俗之一。

街边有很多流动的小车。小老板一张张麻利地摊着、卷着热气腾腾、咸香酥嫩的煎饼，一边用天津话不停地大声吆喝："来一套吧，您那！""请好吧！"

我对煎饼馃子比较熟悉，因我曾在北京工作四年。天津是煎饼馃子的故乡，味道应该更地道吧。我不敢妄加评判。

交了钱便站在了一边。轮到我了，热情的小老板指着我用天津话对其他人说："别急，该这位大哥了！"

煎饼馃子作为早餐还是很对我的路数，有饼，有菜，还有鸡蛋，营养搭配很合理，就是刚出锅，抓在手里有点儿烫。我和天津人一样，就这么一边"吸吸溜溜"地吃着，一边去上班，到了公司门口，早餐也吃完了。

天津的煎饼摊子还有一个令外人非常好奇的现象。

有时，你会遇到手里拿着一两个鸡蛋的人，通常都是一些上了年纪的人，他们也不说话，把手中的鸡蛋往摊子上一放，便踱到了一旁。下一个会把自己的鸡蛋放在前面那个人的鸡蛋后面，仔细一瞧，原来是自带鸡蛋，还用鸡蛋排队。

天津的特色早餐当然不止煎饼馃子，卷圈儿我也很喜欢。

天津的卷圈儿通常都是素馅儿，每家的馅儿都有所不同，按天津人的话说，就是“秘料”，通常有绿豆芽、香干、粉丝、蘑菇等。而所谓的“秘料”，就是麻酱、料酒、花椒汁等这些调味品的不同。

鲜豆皮裹着拌好的馅料放入油锅，炸得香脆透亮，吃起来滋味非常丰富，实在是天津卫一大绝活儿！

天津的烧饼也是一绝。芝麻烧饼、酥油烧饼、麻酱烧饼、什锦烧饼，皮酥里松，很解馋。

此外，老豆腐、老油条、嘎巴菜、炸糕、油炸馃子、火烧、牛舌饼还有浆子，无不让人一整天心满意足。

这些滋味浓浓的小吃，在大饭店里通常是吃不到的，即使遇到，也似乎没有街头巷尾小推车上那么地道，津味十足。

在天津吃早餐，还时常会看到市井、温馨的一幕。

小摊儿上低着头正津津有味地享受着唇齿之间美味早餐的人们，偶一抬头，看到了熟悉之人。

“搭（大）哥，您今儿起得倍儿早啊！”

“瞧您这闺女多尊（俊）！可耐（爱）死我了！”

“您坐介（这）儿。”

实在不愧“卫嘴子”称号。然后，便挪挪屁股腾出个位儿。

几句天津话的问候或耍贫，还有清晨这第一口儿，便是最纯正的天津卫的味道。

人间烟火气，最抚凡人心。

聊到天津，不能不提狗不理。

到了天津，还是要去体验一番。

狗不理包子的来历，很简单。

据说，老板叫狗子，生意好得没时间搭理人，由此得名。

狗不理包子是天津风味三绝之首。至于其他两绝，大多数国人也都知道，十八街麻花与耳朵眼炸糕。

我选了传统的猪肉大葱。尝了，口感还不错。店家告诉我，狗不理包子的特点是皮薄馅大，肥而不腻，关于这两点并不难做到，我觉着包子的造型很美观。

“您一看就是行家！我们的包子对褶花特别的讲究，每个包子都是 15 个褶儿。”

我算什么行家，顶多就是个吃货。

“吃尽穿绝天津卫”，看来，天津人就是这么讲究。

天津的民俗小吃还有很多，比如茶汤。
茶汤摊上定会摆一个巨大的龙嘴铜壶，这是茶汤摊的标志。

天津茶汤有很多种味儿，糜子面、黑糯米、杏仁羹、桂圆八果、桂花莲子等。天津的茶汤并没有茶叶，因为做法像冲泡茶叶，才被叫作茶汤，但也是草木之间的滋养。

天津的很多地方小吃，一定要到当地的“狗食馆”去吃，味才地道。

“狗食馆”，多难听的名字！

应与重庆的“苍蝇馆”异曲同工，也算是当地一种传统而独特的饮食习俗吧。

在我工作的不远处有一家专门做茶汤的“狗食馆”，没事的时候，经常约着同事来上一碗。香甜浓稠，滋味厚实，一定要趁热喝，很解乏。

天津除了吃的民俗，还有赏的民俗。其中，最有代表性的应该是泥人张，还有乡土气息浓厚的杨柳青年画。

天津，被称为“万国建筑博览会”，既传承着文艺复兴的人文主义精神，也有着浓厚的古典主义色彩。你能真切感受到东西方历史的交融，传统与现代的无缝链接。

这就是有滋有味的天津卫。

58.坝美世外桃源的姑娘茶

从百色到云南广南县，动车只需要一个小时。一路上都在钻山洞，忽明忽暗的车厢让原本准备的那本《海岛之书》根本没办法读下去，只能暂时放下路读的习惯。车窗外基本是黑暗的隧道，也没什么可看的景致，索性闭目养神了。

下了动车，在去坝美的路上，当地的司机师傅对我吐槽："我老婆就是坝美人，记得当初第一次去她家，走了整整四个小时山路。走的时候更惨，她那些热心的亲戚送了好多东西，我又不好拒绝，又背了四个小时，可把我累惨了。"

"不识好歹！"我调侃了他一句。

坝，壮语，口的意思；美，树的意思。坝美，就是居住在河口、洞口、绿树成荫之地。

被称为世外桃源的坝美，便藏在青山绿水间。

“林尽水源，便得一山，山有小口，仿佛若有光。”

这便是那个神秘的“小口”。走近才发现，洞口虽不大，却也不至于“极窄，才通人”，可并行两三只小船。

坝美村的四面都被高山完全包围，原来的村民都是靠着划小木船穿过一公里天然石灰熔岩水洞进出。

随着小船进洞，越走越深，陷入伸手不见五指的一片漆黑。洞的深处飘来阵阵凉风，借着不十分明亮的灯光模糊看到船的两边及头顶奇形怪状的钟乳石，有些阴森森的感觉。

整个熔岩水洞一路上黑暗幽深，头顶也只有一两处天窗。

小船一出了洞，豁然开朗。确是“土地平旷，屋舍俨然，有良田、美池、桑竹之属。阡陌交通，鸡犬相闻”。

“芳草鲜美，落英缤纷”，田园景犹在。

本以为可以体验“问今是何世，乃不知有汉，无论魏晋”，男耕女织、与世隔绝的原始生活。甚至于“制芰荷以为衣兮，集芙蓉以为裳”。

当下的人或多或少都有几分避秦之心，避都市、避喧噪、避人群、避商业，都有意无意地向往着心中的桃花源。

不远的山上，零零落落有些茶园，这里也产茶。

这里的茶，叫姑娘茶。名字有些怪，制作方法也很奇怪。

用香米垫底，铺一层纱布，将经过晒青的毛茶堆在上面，约蒸 15 分钟。

取出茶叶填入当地竹筒内，边填边压紧，封口处留 2 至 3 厘米，用纸包着土塞紧后架在火上烘烤。待茶叶七八成干燥时，取出摊晾一个小时，再装入竹筒内烘烤，直至封口的泥土彻底干透，茶香溢出，这竹筒姑娘茶就制成了。

姑娘茶有种特别的糯香，再配以竹香，颇具农家田园意味，茶汤黄亮，滋味醇美。

每年三月三的歌会，当地姑娘会将这种亲手制作的姑娘茶送给心爱的男子。肯定没人送我，还是自己选些带回去吧。

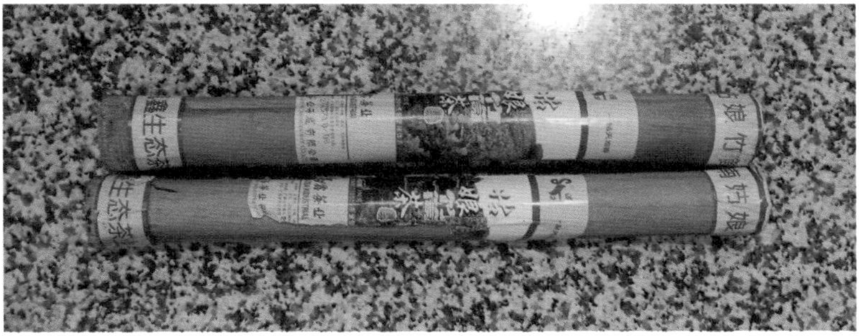

喝了姑娘茶，做了一天武陵人，还是要回归现实生活。

回去与来时不是同一条路，依然是峰回路转，扑朔迷离的水道，要是没人带路，我也必然“遂迷，不复得路”。

坝美的一天还真的有几分南柯一梦的感觉。

出了水洞，想起曾经的武陵人，桃花源的隐匿者嘱咐他：“不足为外人道也”，他却“及郡下，诣太守”，令人不齿。

在现实中，保守秘密似乎是痛苦的，因为那些美好的秘密总想从嘴缝间溜出来，去与全世界分享；其实，守住秘密也是幸福的，那样，那些美好的秘密就只属于自己一个人。

59.昆明滇池湖畔滇红茶

高原明珠，昆明滇池的湖光山色自然美不胜收，可这次到昆明，却是因飞虎情结。

明明暗暗的光影已完全淹没了昔日的枪林弹雨，但英雄的故事，依然还在。

眼前滇池的平静与曾经的波澜在心中像幻灯片般切换着，能让人清晰地感受到历史的纵深感。

自古，具有理想主义的英雄似乎最终都不可避免地陷入了困境与悲壮。

就在抗战胜利的前夕，“满怀怒火与失望离开了中国”，且“被剥夺了参与最后胜利的权利”。

飞虎英雄陈纳德，站在浴血奋战七年的滇池边时，一定像一个被废了武功的大侠，沮丧，更多的应该是无奈。但我相信，这个面孔像鹰一般的男人，胸膛里流着的一定是蓝色的血液。

“自马可波罗以来最博得中国人心的外国人”，虽未如愿登上密苏里号战舰，但依然是不朽的英雄。悲剧中的英雄似乎更有英雄气概。

每个人都应该有自己心中的英雄，无论如何，永远都不能放弃的英雄。如果放弃了，那是对自己的侮辱。

不过，果敢、坚忍的飞虎英雄还是得到了命运之神的眷顾，如愿娶到了他可爱的“小东西”。

陈香梅说：“太阳是一阙雄壮的军乐，月亮是一首诗意短曲，太阳高高照遍大地，月亮静静洒满人间；这是西方的美与东方的美不同之点。然而我们既爱太阳，也爱月亮。”

飞虎队还有很多感人至深的故事与英雄。

莫尼中尉的战斗机受伤即将坠毁，下方却是人口密集的县城，他拉起机头，毅然撞向后山。因跳伞失去高度摔成了重伤，抢救无效，壮烈牺牲，时年二十二岁。

烽火玫瑰宋美龄曾这样对飞虎队员们说：“孩子们，你们很高尚，你们是小天使，不管有没有翅膀。”

我想说："懦弱是一种本能，勇敢也是一种本能。"

建于1930年的尚义街小白楼，现今的飞虎纪念馆，依然在默默讲述着那段历史。尊重历史，回忆历史，思考历史，才能懂得现在应该怎样活着，明白未来应该怎样去活。

对人生而言，不也同样如此？对"曾经"无比留恋与珍惜，才是对生命的热爱，即使只是把那些"曾经"悄然珍藏在心灵深处，但绝不能忘记，更不能抛弃。

每次出行都以"茶"为主题，这次却是顺便品茶，但也要认真、澄怀去品，茶是绝不能辜负的。

云南的绿茶，如大叶香针等品质都非常不错，清而不淡，回甘绵柔。不似其他西南茶，如滇红那般醇厚。

我尤其钟爱大叶金针。干茶壮实、汤色红亮、滋味饱满、金圈明显。
好品质滇红的基本属性：“壮、亮、强、显”。

云南最具代表性的还是普洱与滇红。

滇红，主要产于云南南部及西南部的保山、临沧、德宏、西双版纳及凤庆等地，是品质非常独特的红茶。

知名红茶，如福建桂圆汤的正山小种，格外甜醇的金骏眉，安徽香得出奇的祁门红等，滇红与它们的特点都不相同。

茶，是有心灵感召力的，醇香的滇红，适合怀旧时品饮；怀旧的茶最适合洗涤世俗的油腻。

有思想的人，当财富、地位、名声散没时，定会呈现出对生命意义的深刻思考、艰苦寻找、强烈渴望与意识觉醒。

我们生命所需要的不是被越来越多的人喜欢，而是始终把对自己的喜欢，放在最重要的位置。

滇池边遇到一个手工鲜花饼作坊。临行前，我的“小东西”一再叮嘱，带些云南新鲜的鲜花饼，还必须是玫瑰花味儿的。

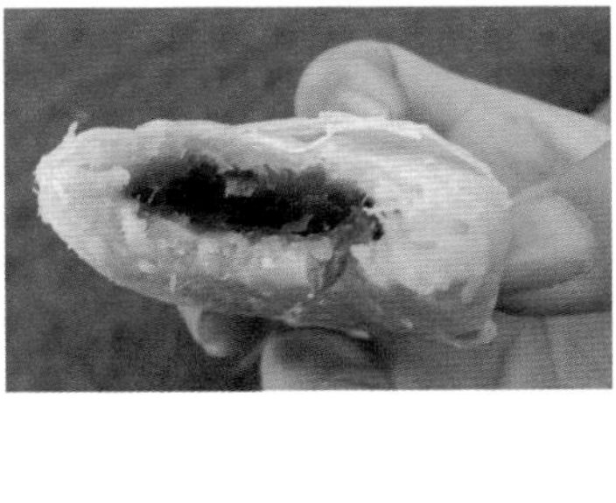

尝了一个，不是很甜，花香味儿很浓郁。
玫瑰、茉莉、桂花一样带了几个。

60.建水至美的茶器

从广西百色到云南建水没有直达车，要在昆明转车。

这一折腾需要六个多小时，有些辛苦，且到达建水的时间也很不合适，下午三点多。几乎一整天就消耗在路上了。

红河北岸的建水，属哈尼族彝族自治州，一个有着千年历史的古城。

建水，我最感兴趣的是茶器，四大名陶之一的建水紫陶。

建水紫陶，被称为“滇南琼玉”。为何称之“玉”？因其“坚如铁，明如水，润如玉，声如磬”。建水紫陶与其他陶的不同之处在于硬度高，质感如金属，敲击如金石之音。

另一个特点是无釉精细抛光，陶质细腻，光亮如镜。

此外，建水紫陶还有一个特别之处，格外重视器物装饰。书画雕刻，彩泥镶嵌。陶趣本身之外，再添雅趣。

建水紫陶的历史悠久，宋代青瓷，元代青花，明代粗陶，清代紫陶，一脉相承。

虽称紫陶，但有紫、白、青、黄、五花等五种陶土。根据抛光工艺不同，又分为镜光、高光、哑光、磨砂等，各具其韵。

我还是对哑光陶情有独钟。

这把壶，器型是我喜欢的拙朴风格。

尤其这幅山水画，以“阴刻阳填”工艺完成，需深厚功力。这是匠心技艺与超脱审美，将线、触、墨自然地融为了一体。不仅读得出作者蕴于胸中的情感，还品得到深远旷达的意境。

唯旷，方能达。

器之美，美在温润平和，端庄优雅，宁静内敛。器之味，在于寄托意念。这份美，爱了！

建水紫陶用泥“画”出了“意”，这与宋画的“写”画之“意”，有着异曲同工之妙，这也是建水紫陶的魅力所在。

在临窑，观察一个安静制陶女孩好久。她手中的器，颇有几分与众不同。

“它克制而内敛，很美。”

“只是件工艺品而已。”

“不，它们是艺术品。包含着知性，技艺与感动的作品，就是艺术品，尤其是感动。我相信，它们不仅能打动欣赏者，也能打动制作者本身。这一瞬间的感动是永恒的。”

她抬头看了看我，并未回应，好像在等着我继续说下去。

“用手去触摸，去体验，通过手把幸福与美好传至内心。不用语言，而是用心、手与世界相连。你做的事让人羡慕。”

“我自己也很满足，手可以带我进入另一个空间的世界。

“认真地对待岁月，对待生命，能沉淀智慧。你的自由，不是‘唯我’，不是‘为我’，而是有着独立的信仰与思想，并独立承担自己信仰与思想带来的结果，矢志不渝。”

“没有那么深奥。大学毕业后我不想留在都市之中，就想回归祖辈的生活。只是觉得这种回归对我而言是一种拯救。”

“我不知道你在都市里经历了什么，才会需要拯救。但我知道，能够主动自我拯救的人，一定是智慧的。我想起了加缪《局外人》的中一段话，‘大部分人总是表里不一，他们做的往往并非他们内心真正渴望的。他们都有一种群居意识，惧怕被疏离与被排斥，惧怕孤单无依靠’。在哪里读的大学？”

“北京。不过让我收获最多的应该是做北京奥运会志愿者的经历，那段经历是可遇而不可求的机缘。”

“你选择回归故乡做个手艺人，应该让很多人诧异吧？”

“爱因斯坦说过，疯狂，就是重复做一件事，但期待不同的结果。我看过了太多疯狂的人，不愿疯狂地挤那个独木桥。”

她笑了笑，稍顿了顿，还是多说了一句：“就连我最在意的人都为此离我而去了，离开得很决绝，很残忍。”

“一个人缺乏正念与慈悲是因为缺乏见识。见识无法自生，见要亲见，这个倒容易；识却要有识的能力，这个需要自主的不断提升的领悟力。且没有见识的人通常也会没有智慧。”

“我懂，就是觉得有些遗憾，努力了那么久。”

“没什么好遗憾的。人与人之间关系的维系取决于‘道’，不一定‘志同’，但一定要‘道合’。能一直走下去的同路人一定是同道人。与迁就、理解、付出、努力无关。”

“嗯。现在的时光更美，素手造物，极静，极安……”

“小朋友，人与人之间相处的原则是，做好自己。坚守住这个原则就不会迷茫与痛苦。因为，没有了患得患失的计量；没有了付出回报的期待。简单而纯粹的关系才可能长久。迷人口说，智者心行。”

建水还有一个特殊的体验，小火车。

为了这“小火车”，我硬是在建水多停了一天。

没办法，就是喜欢这种民国味道，仿佛走进了一段悠悠的老时光，时光里漂浮着黑白色调的浪漫情调与干净纯粹的书卷气息。

61.丽江坐忘的茶

“隳肢体，黜聪明，离形去智，同于大通，此谓坐忘。”

庄子所说的“坐忘”，是一种同于大“道”的智慧休养。

我用了很多年的时光与经历才搞清楚一件事，当下，就是最美的人生。别等以后。或许，以后再没有机会享有当下享有的人生；或许压根儿就不再有以后。

憧憬常常超越个人智慧。在享有当下的这一刻，就把所有都忘却，包括以前，包括以后。

此时此地，丽江，就是要一杯清茶，松弛肢体，关闭耳目，放下思虑，“坐忘”一切凡尘。

丽江“坐忘”的茶是，雪茶。

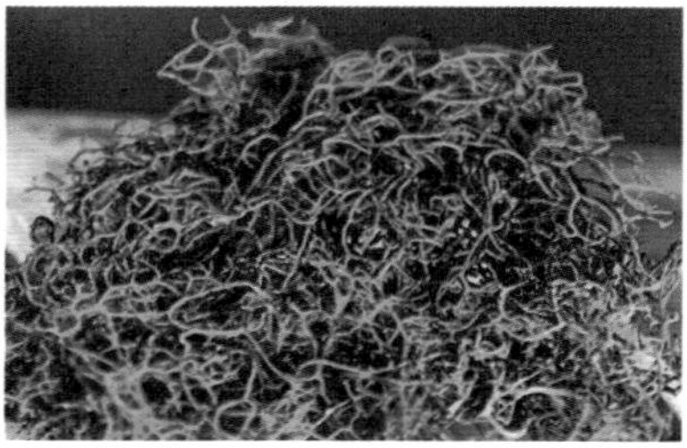

此茶生于玉龙雪山海拔数千米的高寒山区，属地衣茶科。

《本草纲目拾遗》记载：“雪茶本非茶类，乃天生一种草芽，土人采得炒焙，以代茶饮烹食之，入腹温暖，味苦凛香美。”

根据采摘时间不同，雪茶有两种，一种莹白如雪似菊花，叫白雪；一种色泽褐红如珊瑚，叫红雪。我偏爱白雪，金黄的茶汤很清亮，口感略有些清苦，但回甘强烈。

这个地球越来越热了。这个世界似乎也越来越热。气候的溽热，尤其是世间的贪、嗔、痴让人们越来越燥热，烦恼日多。

或许，茶可以让我们由物及心，重新拥有一颗敬信的心，领受的心。敬信曾经的纯粹，领受自然的馈赠，渐渐远离世间热恼，心得纯然清凉。

慧，是什么？慧，是真实了解、深入洞察事物真性之道。

涅槃，是什么？佛陀说：涅槃就是平和、喜悦与自在。

平和、喜悦与自在的人生，就是平静而丰盛的人生。

我们的生命那么渺小，但也可以那样盛大。

不好热闹的人，到丽江一定要选对日子。否则，一定会被喧闹吞没。我选了全年人最少的日子，依然昼伏夜伏，晨出。

不知不觉，竟然在小院边，树荫下的长椅上睡着了，睡了足足五十分钟，还睡得好安心，好满足……

这种安足很养心，因为“忘”，忘了“我是谁”。

房子的主人，一个当地的中年女人在院前种花。

我也要了一些花籽，撒在了我住的屋子的窗前。

“你会住很久吗？”她好奇地问我。

“应该不会住到花开的时候。”

“那你种花图什么？”

“就图种花呀！”

我自然是看不到姹紫嫣红，但我种下了美丽的种子。

随其心净即佛土净。相反，如果不慎在自己的心田种下了一颗烦恼、邪恶的种子，那颗种子同样会无法阻挡地生根发芽，开出吞噬我们善良与智慧的孽花。

“大姐，秋天把花种帮我留下来，明年，我还要来种。”

我想，这些花会一年比一年美丽，因它们是善与爱的种子。

忘记，能让你不再焦虑地期待果实；忘记，能让你安静地自待花开。何况，人生中有些事，如果不忘记，是活不下去的。

我要把“忘记”的种子种进我的心里，一起带走，长久地留在今后的岁月里。

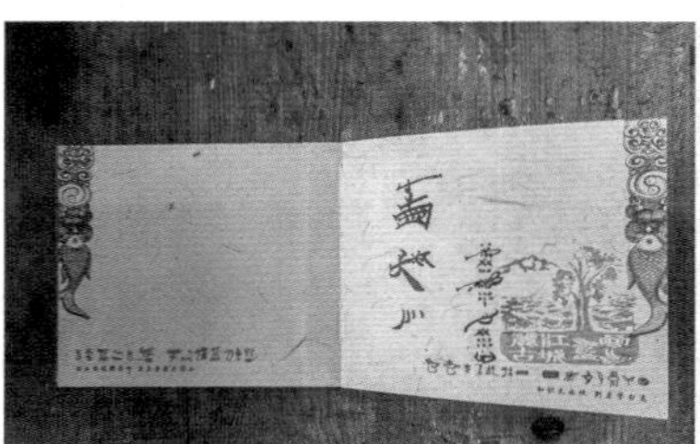

在丽江，遇到了纳西族的东巴纸。

这始于唐代的手工纸因原料（野生荛花）较少，产量很少。

荛花有微毒，因而防蛀，可存千年，古时用来抄写经文。

纳西族少女蔡蔡用东巴文帮我写下“天雨流芳”，意思是“读书去吧”，寓合我意。她还将两张纸头对在一起，形成了双鱼图案，表达东巴平安、富足的祝福。

试了试，书写流畅，也不透墨，以后用这个本子作书摘。

这次带了周国平的《我喜欢生命根底里的宁静》。

今天我摘了这一段;"你终究会发现，价值观完全不是抽象的东西，当你从自己所追求和珍惜的价值中获得巨大的幸福感之时，你就知道你是对的，因而不会觉得坚持是难事。"

离开的时候，发现我种下的花籽出苗了。

丽江回南宁的动车需要八个多小时，加上中间昆明转车的时间，整个行程需要九个小时。

这是我坐过最长时间的动车或高铁。

晚上九点多到了南宁，感觉还不错，不记得一路上出现过急躁、难受等不适的感觉。

不奇怪，因为一路上都在"坐忘"，忘了关注到哪一站了，忘了计算还需要多久，忘了看时间，忘了急躁，忘了不适……

62.梵净山独处的茶

昨晚她告诉我，临时有一件很重要的事，要提前离开。

我听了有些失落，但什么也没多说。

早晨，吃了早饭，她便云淡风轻地告别下山了。

房间只剩下我一个人了。

独自坐了一会儿，环顾了四周，突然发现了很多就在身边，平日里却没有在意过的事物，下雨了，雨水敲打在窗玻璃上，那“叮叮咚咚”的声音原来那么有味；她插在花瓶里那些枝条郁郁葱葱，原来那么有生机……

想起昨天她对我说:“色彩艳丽的花容易让人产生热烈之感，绿色应该更适合需要宁静的你。”

是的，绿色让人舒缓，让人宁静，绿色更适合独处。

我有点怀疑，她会不会是借故离开，有意给我独处的三天。

算了，不揣摩了。

最近，的确有些事让我没能避开烦恼因，有些未解的心结，的确适合独处，何况躲在天空之城独处。

我的人生如此奢侈！

一切都是自然地呈现。一行师傅说过:“安住当下，将此时此刻变成人生中最美好的一时一刻。”

安住当下，未来就安住了，过去也抚平了。

期待中的陪伴是幸福，意外中的独处也是欣喜。

其实，现实中没有一个人能够百分之百纯粹地了解与理解另一个人，所谓“懂得”是相对的，这种相对的状态是永恒的。所以，生命的本质是孤独的。

作为自己，在明白这个基本道理之后，要做的就是感恩并珍惜那个相对了解、理解自己的人，无论那个相对值是10%、50%，抑或是90%。因为，生命的过程也需要他人的懂得。

生命必须由自己独自照应，人生却可依彼此懂得而度过。

且，如果两个人都殷切地渴望着对方的了解与理解，很快就会分道扬镳；如果有一方这样，也会渐行渐远；如果两个人都致力于对另一方的了解与理解，那彼此的懂得都会越来越多，手也会握的越来越紧。

这第一天，首先去了红云金顶。

庄子曰：“独与天地精神往来，而不敖倪于万物。”一个人在“梵天净土”的天空之城，丝毫没有觉得孤单。不仅不孤单，这里还非常适合整理思绪。

很多人无法独处，是因为不能或不敢面对最真实的自己。只有自己一个人的时候，没有外部力量可以借助的时候，便会无法逃避地面对自己的无助、无奈、无味与无为。

逃避独处就是逃避自己。爱自己的人，从不会害怕独处。爱自己的人，独处就是享受自在独行的人生味道。

人的心灵总要通过自净来腾出空间，才能让新的东西生长出来，就像除草。人生有些所谓的成功经验，有时会成为禁锢心灵的枷锁。成功是超越别人，成熟是超越自己。

喝茶，两个人有两个人的趣，一个人有一个人的意。

今晚，适合独自茶修。

先缓而深地呼吸几回，让气息平稳，慢慢将心神定在当下，不要思考任何问题，心神不要有任何强烈的荡漾；然后，双手捧起茶杯，闭上双眼；喝入茶汤的同时吸气，咽下的同时呼气，要清晰体会呼与吸的细节与过程，清晰地体会茶汤流过身体的真实感受……这种茶修，可以帮助我安住身体，安住内心。

只要能完全敬信手中的茶，保持纯粹的心念，就会体会到心灵的洗涤，一颗心会变得越来越透明、空灵。

今晚茶修，修的是梵净山的茶。

茶，能带给敬信之人最重要的感受，是心灵的静与定。

定源于安。

安静，先安才能静，或者说安了自然就静了。安，是安心；安心，就是安放住自己的心，不要让它处于叮叮咚咚之中。

茶是大自然赐予我们自然而纯粹的滋养之物，是帮助我们安心最恰当之物。不否认，茶，对我而言，具有了一定的虔诚宗教意味。这虔诚让我尊重茶，珍惜茶，信任茶。

梵净翠峰，扁平光滑、翠绿平整、回甘清醇、茶汤清亮，颇具禅意。产于梵净山西麓印江土家族苗族自治县的翠绿山峰。此地，清泉环绕，薄雾缭绕，一片净土，自然生态。

修行能否成佛并不是当下的我需要追逐的目标，至少目前是这样。且这段时光过后，我还是要回归往日的工作与生活，回归原来那个凡尘世界。当下的修行，就是安住，就是自净。

佛法开示，我们应该皈依正法，皈依自己，不依赖于他人、他物。修行是送你达彼岸的船，而不是彼岸。

从她走后到现在十几个小时，除了告诉我已经安全上车，便没有再联系过我。她知道，我在独处时，希望没有任何信息的输入与干扰，包括关注与关切。

凌晨，收到她的一条信息：我到了，放心。

我回了一句：谢谢你。

世界上有两种好女人，一种帮助男人征服世界，一种陪伴男人回归心灵。

前一种让男人长啸当歌地出发；后一种让男人安稳平静地回家，回归心得宁静的家。

第二天，很早就醒来了。

今早要做功课，观想。

我们要对治的敌人，是我们心中根深蒂固的欲望、执着与愤恨，不是它们征服我们，就是我们摆脱它们，绝没有第二个结果，且这场对决避无可避。

观想是一个很好的对治之法。

观想，首先要持续地专注、控制呼吸，把呼吸调整、维持在平稳、轻长的状态。减除杂念，把全部注意力汇集到佛像的心间，让意念停留，静静观想佛像的心与自己的心融为一体，保持觉知、感受的安住。

虽然观想佛像不能让一个人开悟，且观想也是一种执着，却可以让散乱的心专注，继而放空。

观想也是一种修行。

修行，就是远离无明，一步步接近生命的真相。

修行，不是逃避，而是坦然直视，淡然穿越。

当有一天，你觉醒了，发现自己生命中最重要的是什么，你就会义无反顾地放下很多东西。

很多人的觉醒都是在临终前夕的那段时光，甚至在生命的最后时刻。

希望每个人觉醒的那一天，不要来得太迟。

一个人心灵的力量不是凭空而来，而是通过某些方式修习而来。

比如，修茶，修佛法。

佛法非常容易吸引有精神洁癖的人修习，修习的过程又会不知不觉去除精神洁癖，无二无别，回归自然。

早课做完，去了老金顶。

老金顶供奉着燃灯佛。

燃灯古佛，过去之佛，
初生之日，四方皆明，
日月火珠复不可用。

《金刚经》佛告须菩提："于意云何？如来昔在然灯佛所，于法有所得不？""不也，世尊！如来在然灯佛所，于法实无所得。""是故须菩提，诸菩萨摩诃萨，应如是生清净心，不应住色生心，不应住声香味触法生心，应无所住而生其心。"

今晚依然茶修。

还读了维克多·弗兰克尔的《活出生命的意义》。

人最重要的动力是努力发现生命的意义。你可以从一个人身上拿走所有的东西，但是有一件不行，人类最后的自由，在所有特定的环境下选择自己的态度，选择自己的方式。

第三天，就是融入自然。

我还做不到境随心灭，心随境无。我要做的是以本自空性融入自然，成为自然的一部分。

这种融入，会让人获得踏实而真实的心宁。

这种心宁，源于内在与外在的自己，合二为一。

每个人不仅要关注“我的世界”，更要关注“世界里的我”，这个世界，是大世界，这个“大”是广袤无垠，无边无际。

与自然连通是需要智慧的。

我们内在与生俱来的纯净不是被外界，而是被我们自己的世俗贪念所污染，我们自己却浑然不知，甚至分不出什么才是真正的健康与病态，什么才是真正的纯净与污浊。

找回健康与纯净，必须向内，向自己的心出发。

这三天，我想，我找回了心灵的平静。

下山前的清晨，爬到旷远山巅用装茶叶的玻璃瓶盛了一瓶梵净山云雾，塞好瓶塞，准备带给她。

佛陀对在家弟子提出每月的“八关斋戒”：不杀、不盗、不淫、不妄语、不饮酒、不穿戴华衣宝饰，不坐卧高软大床，不用金钱。”

我的修行要义：

独处修行，就是从外部世界完全回归本心，保持如如不动，观照本心。观照无常与生死，方能降伏所有的贪嗔痴。

一、时刻提醒自己，保持一整天的安宁是最重要的修行；

二、认真为自己泡一壶茶，认真品饮，丝毫不将就；

三、绝不无事生非，绝不自信自控力。不做任何可能引起情绪波动的事，如玩游戏，听音乐，看新闻，接打电话；

四、手机调成静音，远离视线：不在自我规定的禁止时间之内看手机；

五、坐禅、行禅过程中时刻保持专注，一丝不苟地保持深度与真实呼吸；

六、不吃刺激性食物，清淡饮食，过午不食。尽可能素食，如无法保证则提前自己准备食物，不过饱饮食，避免饱腹感。

这种修行每周一天。

这一天只做该做的事，不做想做的事。

不过，无论何种修行只是“渡河之舟”。

“见闻转诵是小乘，悟法解义是中乘，依法修行是大乘。万法尽通，万法具备，一切不染，离诸法相，一无所得，名最上乘。”

让努力得到的平和、喜悦与自在渐渐变成习惯，就是修行。到了不需要努力就能平和、喜悦与自在的时候，就是涅槃。

63.距离天堂最近的藏茶

看星星是一件很美的事，尤其在雪域高原，距离天堂最近的地方。星星恒久地挂在夜空中，无声无息地看着世间的交替，唐宋元明清；无声无息地看着人间的变幻，缘起又缘灭。

这无声无息，便是星星的慧心。

靠近天堂的不仅身体，还有心灵。离言绝虑的空灵，证悟佛法所言的空性。无明，是一切烦恼痛苦之源。唯持正知正觉，坦然正视，穿越虚妄，方得自在。

一切有为法，
如梦幻泡影，
如露亦如电，
应作如是观。

我非佛门四众，虽心向慈悲，毕竟六根未尽，五蕴未空，三界未出。佛言："吾为汝说解脱道，当知解脱依自己。"

一生至今，看过的书，走过的路，取得的成就，遭遇的挫折，甚至崇拜过的英雄，憎恨过的敌人……这些塑造了一个人根深蒂固的习惯与性格。

这习惯与性格已相对固化，甚至坚不可摧，因我们早已经习惯把自己紧握在手中，一刻也不敢、不愿放下。

人生不同阶段，内外两个维度是一个不断发展变化的过程。尽管说，人生要“守住初心”，但不同阶段需要不同的意识与方法论来护佑我们安宁度过。故，改变也是必须、必要、必然。

佛法与哲学都是助人建立信仰，助人从精神层面根本解决生命与灵魂，也就是生死的问题，这是二者力量强大的源泉。

佛法与哲学让人望向深邃的星空，探索生命的本源，透视人生的意义，给予人们心灵的宁静。

神山面前我们实在渺小，
只能心怀敬畏与臣服。
因为它就是神。

佛法曰“诸法空相”，
空性需特殊机缘才能得
以证悟。

凝视广阔、宁静的雪域高原，能让人渐生出离之心。其实，我们都有一颗慈悲之心，一直在胸膛里，从未失去，从未远离，只是在沉睡。此时此刻，被这雪域高原、梵天净土唤醒了。

远离人寰的空域，要和神灵交流，交流的主题自然是生死。

“我将走向何方？”

“所有的人都将走向一个方向。”

……

佛陀对世间最广普的一句话是：痛苦，是因为用了错误的见解与方式生活。

物质生活让人总是无法脱离欲望，欲望未满足时会不甘，满足时又会自然生厌，不甘、满足、生厌……终止这种无谓、空虚的恶性循环，唯一止息之法是：追求生命的价值与意义，实现心灵的从容与宁静。

佛言：“心道若行，何用行道。”

当下的我，便以慈悲、柔软、寂止、放下、出离、自净为立身之本，敬信自修，减造业障。

“三世一切诸如来，靡不护念初发心，悉以三昧陀罗尼，神通变化共庄严。”

藏地结缘藏茶。

人类的烦恼皆来自一个根源：取舍。

而茶无谓取舍，只讲缘分，随缘而来，缘尽而去。

茶马古道在秦汉时期就已开启，带来了适合藏区民众生活习惯的藏茶。

“腥肉之食，非茶不消；青稞之热，非茶不解。”

藏民一日无茶则滞，三日无茶则疾。

藏茶属日常必需，藏区叫吃茶，而不是喝茶。

藏茶，属黑茶，后发酵茶。

据说藏茶的加工工艺在所有茶类中最复杂，需经过和茶、顺茶、调茶、团茶、陈茶等三十二道。其中有一道非常特殊，拼配。茶叶与茶梗拼配；不同季节（春夏秋茶）的拼配；不同年份的拼配，称之为：好酒靠勾兑，好茶靠拼配。

藏茶包装一定要用竹子、麦秆等原生态材料做的黄纸包装，吸潮，透气。藏区储存藏茶也有专门的茶窖，以利长期保存。

藏茶的干茶乌黑油亮，无任何杂味；汤色明亮红透，口感甘醇香浓，尤其滑顺，具有红、浓、醇、陈四大特点。

藏茶鲜叶采摘也有特点：一芽五叶。

喝茶，也是一种修行，水烫莫急，柔软；独自品茗，寂止；落杯一笑，放下；茶滤身心，自净。

止住迁流不息的心念，静静感受茶汤缓缓流向身体的深处，这种真实纯粹的感受就是修行。

后记
HOU JI

修行

修行之路，修的是品性，而修行的终极目标是人格。

人格是灵魂的内核。

很多人说：人格的修行取决于个人的生态环境，衣食无忧才有资格选择修行。我不同意，你真的吃不饱饭？穿不暖衣？如果处于经济拮据状态，更应该修行，去抵御自己内心的难填欲壑、愤愤不平、执迷不悟，让自己保持平和、喜悦与自在。

修行是为自己修，护佑的是自己，绝对不是为他人。

何况，衣食无虞就真的无忧了吗？别忘了，富贵思淫欲，所谓富贵之人的贪痴嗔应该更多、更强、更深。

每个人都有自己的心魔，只不过这个“魔”以不同的姿态出现在你的心里罢了。

治国，平天下，毕竟是少数人中的极少数人做的事；齐家也有很多个人无法控制的因素，尽力就好；唯有修身才是应该持之以恒、一生不懈的主题。

人生，实在是太像坐火车了

一站一站……

只是这列火车上的每个人

并不知道自己会在哪一站下车

可能，突然，列车员就来叫你，“下车了！”

你来不及收拾行囊

其实，那些行囊，对你已没有任何用处

人生这趟列车
每一站都是启程，每一站都是到达
面对每一站都应该坦然、淡然、安然
你到站了
就不要打扰任何人了
安安静静，下车就好

2023 年 9 月 1 日　南宁